U0274236

新概念
科技史

The Story of the
Chinese Gnomon

北京燕山出版社

中国
量天尺

孙小淳　杨　柳　林正心

著

总序

"新概念科技史"丛书是一套旨在通过历史角度来理解和传播科学精神的书籍。该丛书的编写理念深受美国学者托马斯·库恩的《科学革命的结构》影响，认为要真正理解科学的本质，必须研究科学在历史上的实践和发展。

　　这套丛书的每一本都既是历史书籍也是科普读物，通过讲述历史上的科学观念、理论、活动和实践，以及它们与社会文化的关系，来揭示科学的真正含义。它强调了历史上人们如何观察、思考、构建世界观，以及如何在生活和社会活动中创造和运用科技，将科技活动与人类文明的发展紧密联系起来，而不是仅仅用现代科学的标准来评价古人的思想。

　　"新概念科技史"丛书希望传达几个关键信息：

　　1. 科学精神不是现代人或某个文明独有的。关于中国古代的部分，丛书将展示中国古代不仅有科学，而且有丰富的科学想象、灵动的科学思维，以及科学为人类需求服务的崇高理想。

　　2. 科学的本质是什么？丛书通过阐述科学的历史揭示了科学思维的多样性，展现了文明中丰富多彩的科学活动，目的是在科学的历史中探索科学的本质。

3. 摆脱对科学的误解，即那种认为只有现代科学才是科学的观点。历史上的科学思想同样激动人心，不应该因为它们过时而被标记为"非科学"或"伪科学"。人类文明一步步走来，"一切过往，皆为序章"，过去的科学经验可以为我们提供启示，使我们更有信心面对未来。

"新概念科技史"丛书注重思想性和趣味性，用简洁的篇幅深入浅出地讲述历史上的科技故事，以小见大，展现人类自古以来不懈的科学创造精神。

北京燕山出版社夏艳社长以极大的热情和惊人的效率推动这套丛书的出版，于是在作者和编辑团队的共同努力下，这套丛书很快与公众见面。丛书的出版，得到中国科学院大学人文学院新文科建设项目的长期支持和资助，谨此一并致谢！

丛书主编 孙小淳

2024 年 8 月 8 日

前言

本书讲述的中国量天尺就是圭表。圭表是中国古代最古老的天文测量仪器，它由表、圭两部分组成，立表用于投影，圭是水平安放的标尺，用于测量影长。由于太阳正午的地平高度随季节变化，表影长短也随之变化，夏至时最短，冬至时最长。中国古代就用圭表测影来确定季节，同时表影观测也可以用来定方位、测时刻。

圭表实际上就是一种矩尺或勾股，虽然构造简单，却包含了深刻的测量思想和原理。据《周髀算经》记载，昔日周公问商高使用矩的方法，感叹"大哉言数！"商高则以"平矩以正绳，偃矩以望高，覆矩以测深，卧矩以知远，环矩以为圆，合矩以为方"说明用表测量的原理，并指出"数之法出于圆方，圆出于方，方出于矩，矩出于九九八十一"。这其中包含了极其深刻的数学思想。

世界其他古老文明中也有圭表。在古埃及，圭表是一种 L 形仪器，有一个较短的立臂（勾）和一个较长的横臂（股），叫作"setchat"，有"智识之器"的意思。这与商高"知地者智，知天者圣，智出于勾，勾出于矩"的说法如出一辙。

圭表测影在中国有极其悠久的历史。在距今 4000 多年的陶寺文化遗址，发现了最早的圭表。传说周公在阳城进行圭表测影，以定"地中"。汉代以后的历法，都以圭表测影定二十四节气。元代郭守敬用四丈高表观测，同时使用景符改进测量，他的成果成为中国历史上最重要、最精确的测量。圭表测影可以说是见证了中国自远古以来天文学的发展历程。

本书的构思就是通过中国量天尺来讲述中国古代天文学的历史，在历史的讲述中阐述古人的科学思维和科学方法，探讨与之相关的社会价值和文化意义。中国古代使用圭表这样看似简单的仪器，做出了测定时节、量天测地、确定地中、构造宇宙模型等极其重要的科学工作，其中展现出来的科学思维和科学方法具有极高的水平。与此同时，圭表测量作为一种基础的测量，在中国古代的地理测量、历法改革、度量衡系统的建立中也发挥了作用。中国量天尺与中国古代的国家社会政治文化也是联系在一起的。

就"地中"这一概念来说，它涉及"中国"的起源和中华民族的认同。中国古代确定"地中"，其政治意义是十分明显的，就是要确立中央国家的合法地位。而"地中"的确定，则要依据圭表测影这样的科学测量。从这个例子中，我们可以看到古代天文学与国家政治的密切联系。由此也提醒我们，看古代科学，不能把它与当时的社会政治文化割裂开来。我们只有在历史的情景中，才能对古代科学有更好的理解和把握。

中国古代的圭表测量主要是测定二十四节气。这既是时间概念，又是空间概念。二十四节气既是一年中的二十四个时刻，又是星空的二十四个位置。因此我们在讲述圭表测量时，就不能不涉及中国古代的星空、二十八宿、四象等。中国古代星空是世界上独特的星象体系，与古希腊的星空相映成趣，它把天上的星官与人间的事物相对应，构成了"天人对应"的体系，这是中国古代星空的重要特色。

圭表测影与中国古代宇宙观的构建是本

书探讨的重要问题。我们分析了中国古代如何把勾股测量运用于天地宇宙模型的构造之中。其中包括了巧妙的构思和科学的推理，但也存在错误的假设。我们对圭表测影"千里差一寸"说法的来源提出了新的看法，并介绍了由这种说法构造的《周髀算经》盖天说宇宙模型、浑天说与盖天说的论争，以及唐代天文学家对"千里差一寸"这一谬论的彻底否定。我们的分析表明，探讨古代科学思想，不能用简单的"对"或"错"来判定，而是要看它在当时的科学理论构建中发挥了怎样的作用。中国古代利用圭表测影而做的宇宙论构建，恰恰符合"猜想与反驳"的科学思维。

本书最后讨论量天尺的长度，考察其与中国古代度量衡标准的关系，揭示了中国古代社会"以天地自然为法"的社会准则，思想极为先进，走在了世界文明发展的前列。我们从量天尺看到中国古代坚持不懈的"究天人之际"的科学探索。

写作本书的想法是在筹备纪念国际哲学与

人文科学理事会（CIPSH）成立75周年国际学术会议的过程中提出的。这次会议的主题是"时间"。本书以中国量天尺为题讲述中国古代的时间测量和时间观念。在本书写作的过程中，除了合作者杨柳、林正心的共同努力，研究生孔祥帅、秦宇、郝铭辉也参与了讨论，并协助搜集相关资料和插图。北京燕山出版社夏艳社长及她的出版团队吴蕴豪博士、谢志明编辑对本书书稿进行了仔细且高效的编辑。张宇设计师的封面设计，可以说是抓住了本书的主旨——"如日中天"。内页中的荧黄色设计形象生动地模拟了量天尺测量的原理：书页的中缝底端立杆（"表"）与地脚卧尺（"圭"）构成了圭表的两个主要部分，圆点代表当日正午的太阳，照射表杆投影在圭尺之上。翻动书页，太阳周期性地高低移动，表影长短伸缩，呈现出节气的变化。这些巧妙设计为本书增色不少，给人耳目一新的感觉。在此一并致谢！

孙小淳

2024年8月9日

目录

子 ——————————— 勾股的
妙用

中国古代称直角三角形为勾股形，较短的直角边称作勾，较长的直角边称作股，斜边称作弦。直角三角形的勾平方加股平方等于弦平方，这个定理就是大家熟知的勾股定理。

商高定理

公元前 11 世纪，西周时期的数学家商高就提出了勾股定理的特例，即"勾三、股四、弦五"。成书于约公元前 1 世纪的《周髀算经》中记载了周公与商高的一段对话。

> 周公问："夫天不可阶而升，地不可得尺寸而度，请问数安从出？"商高回答说："数之法出于圆方。圆出于方，方出于矩。矩出于九九八十一。故折矩，以为勾广三，股修四，径隅五。"

这里商高指出了直角三角形勾股定理的特例"勾三、股四、弦五"，由此，勾股定理又被称作商高定理。在约公元前 6 世纪的古希腊，毕达哥拉斯发现了勾股定理，所以西方又称勾股定理为毕达哥拉斯定理。

中国古代的数学家们不仅很早就发现并应用了勾股定理，而且很早就尝试对勾股定理做理论的证明。最早对勾股定理进行证明的是三国时期吴国的数学家赵爽。赵爽创制了一幅"勾股圆方图"，用形数结合的方法，给出了勾股定理的详细证明。

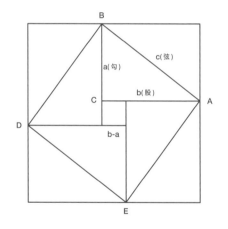

← **勾股圆方图**

赵爽

子·壹

在"勾股圆方图"中，以弦为边长的正方形 ABDE 是由 4 个全等的直角三角形再加上中间的那个小正方形组成的。每个直

角三角形的面积为 $\frac{ab}{2}$；中间的小正方形边长为 $b-a$，则面积为 $(b-a)^2$。于是便可得如下的式子：

勾股 →
定理公式
<u>子·贰</u>

$$4 \times \left(\frac{ab}{2}\right) + (b-a)^2 = c^2$$

化简后可得：

$$a^2 + b^2 = c^2$$

赵爽的证明，用几何图形的截、割、拼、补来证明代数式之间的恒等关系，既具严密性，又具直观性，是中国古代以形证数、形数统一、代数和几何紧密结合的典范。

魏晋时期的数学家刘徽采用"割补术"给出了勾股定理的几何证明法。刘徽作"<u>青朱出入图</u>"，并描述此图为：

"勾自乘为朱方，股自乘为青方，令出入相补，各从其类，因就其余不动也，合成弦方之幂。开方除之，即弦也。"

意思是，一个任意直角三角形，以勾宽作

红色正方形即朱方，以股长作青色正方形即青方。将朱方、青方两个正方形对齐底边排列，以弦作正方形，再以盈补虚，已经在弦正方形分割线内的不动，线外则按一样的形状大小，"出入相补"，这样就正好合成弦的正方形即弦方，弦方开方即为弦长。刘徽对勾股定理的这一证明，特色鲜明、通俗易懂。

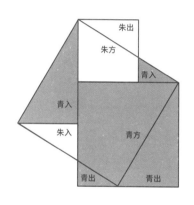

← **青朱出入图**

刘徽

子·叁

勾股与测量

勾股也就是矩尺，在中国古代有许多妙用，可谓量天测地，无所不及。《周髀算经》中记录了周公与商高的对话，周公曰："大哉言数，请问用矩之道?"商高曰："平矩以正绳，偃矩以望高，覆矩以测深，卧矩以知远。"

这是说，平移矩尺可以确定垂直线，仰面向上立矩可以测高，覆面向下放矩可以测深，横平放矩可以测远（如下图）。

偃矩
以望高
示意图
<u>子·肆</u>

→

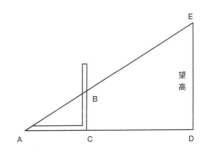

覆矩
以测深
示意图
<u>子·伍</u>

→

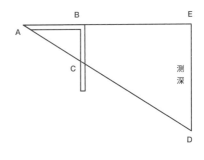

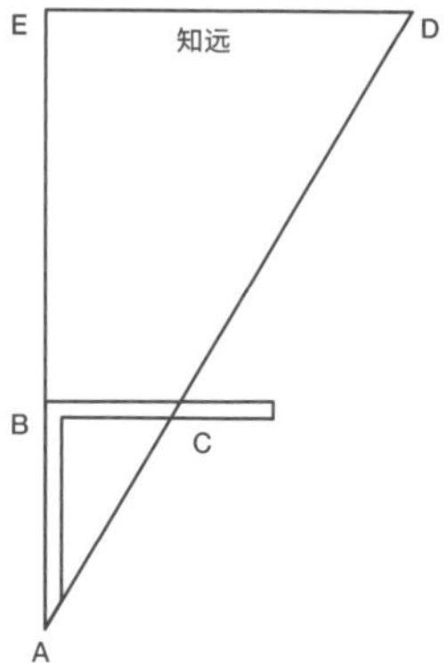

《周髀算经》中还提到利用勾股可以测量
天高、日高，由此可以推知天地的大小、宇
宙的结构。具体来说，就是利用圭表进行天
文测量。

圭表：量天尺

所谓圭表，就是一根竖立的杆子加平置
的测量杆子影长的尺子，前者叫"表"，后者
叫"圭"，因此圭表实际也是一种勾股。《周
髀算经》中提到，

使用圭表测量，可以"知日之高大，光

之所照，一日所行，远近之数，人所望见，四极之穷，列星之宿，天地之广袤"。

《夏至致日图》中 ↓
演示圭表测量

《出自清代光绪年间编修《钦定书经图说》）

子·柒

可见圭表对于天文测量的重要性。正因为这一点，圭表也被称作"量天尺"。

《周髀算经》中还提到：

> 周公问商高，"请问古者包牺立周天历度，夫天不可阶而升，地不可得尺寸而度，请问数安从出？"商高曰，"数之法出于圆方，圆出于方，方出于矩"。

这说出了规与矩的关系。规与矩实际上构成了最基本的测量原理和方法，有了规与矩，就可以做一切量天测地的工作了。

中国古代把这样重要的发明归功于传说中最早的帝王——伏羲。这虽然是神话的说法，但恰恰说明了中国古代对规与矩、对勾股测量无比重视，以至于认为其非常神奇，只能归功于神一般的古代圣王。东汉画像石中有伏羲、女娲分别执矩执规的画像，后世还有各种各样的伏羲女娲手执规矩图，这些都说明中国古代对规与矩、对勾股测量极为重视，认为是量天测地的神器。

↑

伏羲女娲
手执规矩图画像石
山东嘉祥　东汉武氏祠

子·捌

唐代绢画
《伏羲女娲图》

出土于新疆阿斯塔那古墓群

子·玖

丑 ———————————— 最早的
圭表

中国古代使用圭表测量的历史非常悠久，可以上溯到史前时代。

凌家滩遗址玉龟日晷

　　位于安徽省含山县铜闸镇长岗村裕溪河北岸的凌家滩遗址，是一处年代测定为距今5800—5300 年的新石器时代大型中心聚落遗址。整个聚落在物质文化和精神文化两方面都达到较高水平，被认为是中华文明的先锋。自1985 年发掘以来，出土文物 3000 多件，其中玉石器 1200 多件，器型多样，制作工艺高超。其中一套玉龟玉版组合，玉龟上的刻画线条和钻孔，其天文学意义十分明显，是一种天文图。玉龟的主要功能类似于日晷，就是在中央和四周立表，测太阳出入方位以定时节，测量一天之中太阳不同方位（也就是表影的方向）以定时间。据研究，玉龟上标示了冬至、夏至、春分、秋分、立夏、立秋、立春、立冬 8 个节气的太阳出入方位，以及在一天之中不同时间的

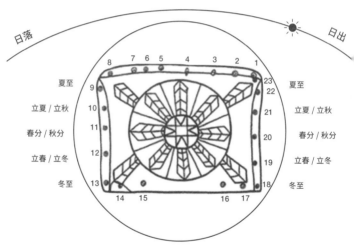

↑ 凌家滩遗址出土
玉龟及其天文功能
示意图

丑·壹

太阳方位。日晷是集合了圭表的多种功能的应用。凌家滩玉龟天文图的发现，说明当时圭表测量已经运用娴熟了。

陶寺圭表

目前发现的最早的圭表实物，是在陶寺遗址发现的表杆和圭尺。发现时表杆与圭尺是彼此分离的，但研究表明它们当时是可以组合使用的，因而就构成了圭表。陶寺遗址位于山西省襄汾县陶寺村南，东西约 2000 米，南北约 1500 米，面积 280 万平方米，是中原地区龙山文化遗址中规模最大的一处，其年代在公元前 2300—公元前 1900 年之间。陶寺城址以其发达的物质文化和精神文明特征，不仅是龙山时代晚期黄河流域的领军文化，而且都城特征和国家社会性质明显，又因古文献中有"尧都平阳"的说法，指的就是今临汾一带，因而陶寺遗址被多数学者视为"尧舜之都"。

陶寺遗址发现的大型建筑基址，包括中心

观测点和离中心点约 10 米的东侧从北往南排列的一排柱子。从中心向东观测柱缝间的日出，就可以根据日出方位以定季节。经天文分析和模拟观测发现，可以确定包括冬至、夏至、春分、秋分在内的 20 个时节。因此，这个建筑基址就是当时的天文观象台。

陶寺圭表的圭尺部分，是发现于陶寺遗址一座王级大墓（编号：IIM22）的一根漆杆（IIM22:43）。该漆杆下葬时竖立在墓室的东南角，紧靠东南角壁龛口的西侧。漆杆发掘时曾被损坏，但损毁部分不超过 10 厘米。现保留下来的漆杆全长 171.8 厘米，下端保存完好，

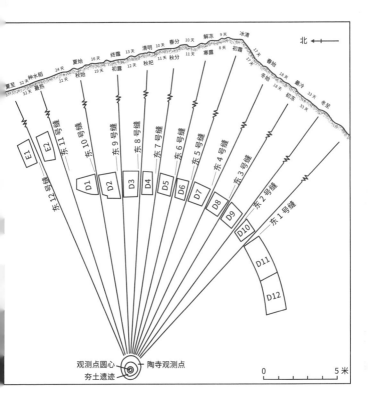

北 ←

夏至 32天 种水稻 24天 夏始 16天 终霜 13天 清明 10天 春分 10天 解冻 9天 冰消
32天 最热 22天 秋始 19天 初霜 12天 秋耙 11天 秋分 11天 寒露 8天 初霜 17天 春始 18天 惊冷 13天
                                                                      冬始 18天 初冻 33天 冬至

E1 E2

东 12 号缝
东 11 号缝
东 10 号缝
东 9 号缝
东 8 号缝
东 7 号缝
东 6 号缝
东 5 号缝
东 4 号缝
东 3 号缝
东 2 号缝
东 1 号缝

D1 D2 D3 D4 D5 D6 D7 D8 D9 D10

D11

D12

观测点圆心 ● 陶寺观测点
夯土遗迹

0 ____ 5 米

↑

陶寺史前观象台
平面示意图

<u>丑·叁</u>

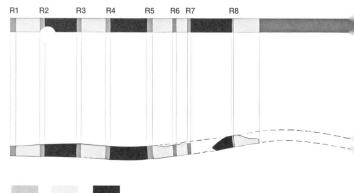

R1　R2　　R3　　R4　　R5　R6　R7　　R8

粉红　　石绿　　黑色

↑

陶寺出土的漆杆
及其复原

<u>丑·肆</u>

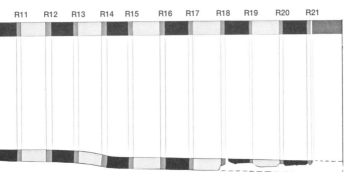

上端略有残损。漆杆被漆上黑色、石绿和粉红三色环状漆带。根据考古学家何驽和天文学家孙小淳等人的联合研究，推测这一漆杆应该就是圭尺，进一步的分析表明，漆杆离一端约40厘米处的特殊的粉红标记，应该就是夏至正午表影所在。分析表明，通过翻杆或移杆，漆杆可以测量到一年中最长的影长，即冬至的影长。

但是在 IIM22 大墓中，并没有发现圭表的"表"的部件。那陶寺圭表的"表"在哪里呢？

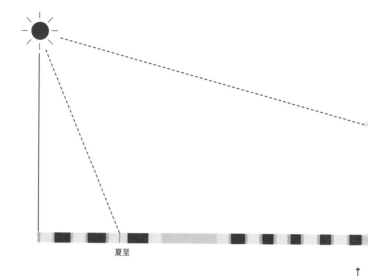

夏至

**陶寺圭表测量时节
示意图**

丑·伍

所幸考古学家高炜在 1984 年发掘陶寺早期王族墓地的中型墓时，发现了一根红色木杆，现存长 214 厘米，复原长 225 厘米。根据考古学家冯时的推测，这很可能就是测影的表或称"中"。表杆使用时插入地表 25 厘米，地面以上的高度就是 200 厘米，相当于陶寺时期的 8 尺。可以推测，这个表杆与陶寺漆杆配合使用，就构成了陶寺时期的圭表。

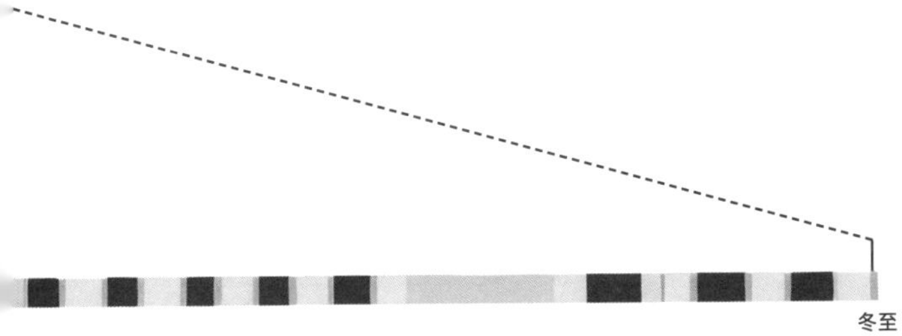

冬至

甲骨文中的证据

在殷商时代的甲骨卜辞中，经常出现"立中"两字：

"己亥卜，争贞、王勿立中。"

《殷契粹编》第 1218 片

"辛亥贞之月，乙亥酒，絫立中。"

《殷契粹编》第 398 片

"庚寅卜，永贞：王立中。"

（《殷虚书契前编》7.22.1）

"卜，争贞：王立中?"

（《京都大学人文科学研究所藏甲骨文字》972）

"贞：我立中?"

（《小屯·殷虚文字乙编》7741）

"贞：来甲辰立中?"

（《殷虚书契前编》7.16.1）

"丙子，其立中?亡风?八月。"

（《甲骨续存》2.88）

"子，立中，允亡风。"

（《殷虚书契续编》4.4.5）

"其立中亡风，亡风易日。"

（《甲骨文合集》7371）

萧良琼在《卜辞中"立中"与商代的圭表测景》一文中认为，卜辞"立中"就是商代的圭表测影活动，并且商代人们已经可以通过立表测影确定方向与冬至和夏至。"立中"是将一个附有斿的杆子垂直立在地面上，其作用相当于圭表测影。商人通过它来测时间、定

刻有"立中"的　　　↑
"立中亡风"甲骨卜辞拓片

方向和定子午线。"立中"的时间在四月和八月间，干支则在甲辰、乙亥、丙子等日。实际上，"中"字的最初字形，是一根附有斿的杆子。商代"中"的含义，就是这种古老的天文仪器。

据《论语·尧曰》，帝尧禅让帝舜时说：

"天之历数在尔躬，允执其中。"

这是什么意思？冯时在《中国古代的天文与人文》中认为，这里的"中"就是圭表。尧帝的意思就是，天时和历法必须由你亲自掌握，你要好好把握住你手中的这个圭表。可见圭表在古时是非常重要的天文仪器，以至于象征着天命与王权。周晓陆在《释东、南、西、北与中——兼说子、午》中认为：

"测日影，要用到最基本的仪器——表，所谓'立中'，最初之义，即当立表测影。《诗·大雅·公刘》'即景乃冈，相其阴阳'，诗咏为立表测影定方位。《诗·商颂》中'景圆维河。(《玄鸟》) 陟彼景山……寝成孔安。(《殷武》)'"

在此讲的都是周朝以前的殷人立表定方位、拓疆土、建庙宇等活动。可见圭表测影在殷商时期就得到了广泛应用。

"中"字在甲骨文中的字形如下：

甲骨文 →
中的
"中"字
1·柒

这其实就是圭表的象形：一根带绳子的杆，垂直立在地面上，杆上有两根、四根或六根带状物。贾公彦在《周礼注疏》中对圭表测影辨方正位的描述提到，

"当以绳县而垂之于柱之四角四中，以八绳县之，其绳皆附柱，则其柱正矣"，

所述景象与甲骨文"中"字的字形非常相似。可见，甲骨文中的"立中"确实就是指圭表测影。

西周的圭表

到了西周时期，圭表测影的功能得到了全面应用。《周礼》作为儒家经典之一，虽然成书可能晚至西汉时期，但其中保留了大量真实的西周史料，能够在一定程度上反映西周时期的情况。《周礼》以"设官分职"为框架，通过对天官、地官、春官、夏官、秋官、冬官等六个系列三百多个官职的记述，汇集了先秦时期政治、经济、文化、风俗和礼法等诸多制度。《周礼》记述的官僚制度，实际上反映了我国古代以科技知识治国的政治理想。

在《周礼》的职官体系中，至少有四种官职与圭表测量有关：

有"土方氏"："掌土圭之法，以致日景，以土地相宅，而建邦国都鄙。以辨土宜土化之法，而授任地者，王巡守，则树王舍。"（《夏官司马》）

有"匠人"："建国，水地以县，置槷以县，眡以景，为规，识日出之景与日入之景，昼参诸日中之景，夜考之极星，以正

朝夕。"(《冬官考工记》)

有"玉人":"土圭，尺有五寸，以致日、以土地……圭璧五寸，以祀日月星辰。"（《冬官考工记》）

此外有"大司徒":"以土圭之法测土深，正日景以求地中。日南，则景短，多暑。日北，则景长，多寒。日东，则景夕，多风。日西，则景朝，多阴。日至之景，尺有五寸，谓之地中。"（《地官司徒》）

《周礼·夏官司马·叙官》曰：

"惟王建国，辨方正位，体国经野，设官分职，以为民极。"

据称这就是周公当时利用圭表测量以建国都、以立地中的情况。周公二次克殷后，对东方辽阔疆域的开拓迫切要求统治重心东移。周公秉承武王遗志，营建洛邑，先命召公去相地卜宅，

"周公复卜申视，卒营筑，居九鼎焉。曰：此天下之中，四方入贡，道里均"（《史记·周本纪》）。

周公营建洛都，当时"辨方正位"，肯定使用

了圭表测影。相传周公测影的地方，就是"周公测景台"。现存河南省登封市告成镇的"周公测景台"是唐玄宗时候的太史监（相当于今天的天文台台长）南宫说建设而成。《新唐书·地理志》记载：

"（阳城）测景台，开元十一年（723），诏太史监南宫说刻石表焉。"

寅 —————————— 圭表的功能

由一立杆和一圭尺组成的圭表，虽然结构看似简单，但巧妙地组合起来，却是中国古代最重要的天文仪器之一，其历史久远，可以上溯到远古的新石器时代。到了周代以后，圭表测影成为最基本的天文测量。秦汉以后，以圭表测影定冬至、夏至，测定二十四节气影长，则成为中国古代天文历法的重要内容。圭表究竟有哪些功能呢？

定方位

圭表的表就有很多用途，其最早的用途可能就是定方向。

《诗经·大雅·公刘》是一篇歌颂周文王的第十二世祖先公刘功绩的诗歌，传说是周成王的大臣召康公作的。诗中有一句"既景迺冈"，说的就是公刘在一个山岗上立表测影，以定方向。所以下句接着"相其阴阳"，也就是说确定了南北。这表明早在公元前 15 世纪周人已经能够立表定向。

当然，掌握这一方法的时代应该比这还要早。在我国发现的各大考古遗址中，房屋建筑的方向大体上是一致的。如距今 6000 多年的西安半坡遗址中，有比较完整的房屋遗址 46 座，这些房屋的门都是朝南的。距今 4000—5000 年的良渚遗址、牛河梁红山文化遗址等，其主要建筑方位也是朝南的。与半坡遗址时代相当的江苏邳州四户镇大墩子遗址中，墓葬的方向大体上也是一致的。这些都说明，早在 6000 多年前的原始社会，人们已经掌握了准确测定方位的方法。这个方法就是立竿测影，而立竿就是表。

立表定向究竟是怎么定的？关于这个观测方法的记述，最早见于战国时代成书的《考工记·匠人》：

> 匠人建国，水地以县，置槷以县，眡以景，为规，识日出之景与日入之景，昼参诸日中之景，夜考之极星，以正朝夕。

"水地"就是把地整平。"槷"就是木质的立表。"置槷以县"就是用挂着重物的绳子做准绳，把表立得与地面相垂直。"眡以景"就是观察影子。"为规"就是以立表为中心在地上画圆。把日出和日入时表影与圆周相交的两点标记好，连接这两点就是正东西的方向。

↓

《考工记》记述的
立表定方位示意图

页·壹

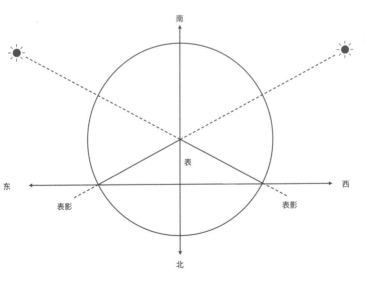

《考工记》记述的方法虽然在原理上没有问题，但是由于日出、日入时表影比较模糊，与圆周相交的交点不太容易确定。《淮南子·天文训》记述了另一种方法：

正朝夕，先树一表东方，操一表却去前表十步，以参望。日始出北廉，日直。入，

↓

《淮南子·天文训》记述的
立表定方位示意图

寅·贰

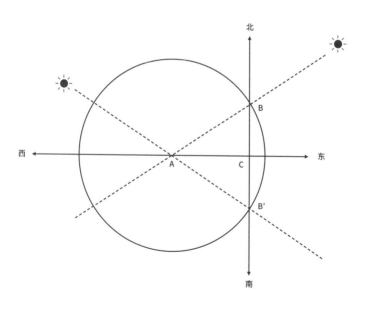

又树一表于东方，因西方之表，以参望。日方入北廉，则定东方。两表之中，与西方之表，则东西之正也。

具体说来就是：先在平地上立一定表 A，然后在它的东边十步远的地方立一可以移动的游表 B，在日出时从西向东，即从定表向游表方向看，瞄准正在升出地平的太阳，使表 A、表 B 和日面中心重合。然后在日入时，还是在定表东边十步远的地方立一游表，这次是从游表 B′向定表 A 方向瞄准太阳，使 A、B′与日面中心重合。这样 B 和 B′的连线就是南北方向，而 BB′的中点 C 与 A 的连线就是正东西方向。

以上定方向的办法都是要看日出、日入的方位。由于远处的地平不一定理想，所以这样的测量方法定出的东西南北方向还不够准确。如果取上午和下午两次等长的表影，即让表端影子正好都落在离中心等距的圆上，则连接这两点的中点与圆中心，就是南北方向。元代天文学家郭守敬就是照着这个思路发明了一种定

方向的仪器——正方案。这是一块每边长四尺、厚一寸的正方形平板。四周有小水渠，用以校正案的水平。从板中央画十字线，线直抵水渠。以中心为圆心，自外向内画十九个同心圆，每个圆间的距离为一寸。中心立表，调节表高使表端影子落在圆圈上，上午观测，可以自外向内在 19 个圆圈上各标记 1 个点，共 19 个点，下午从外到内，可以从内到外在 19 个圆圈上各标记 1 个点，也是共 19 个点。这样，连接同一圆圈上的两点的中点和圆心，就是南北方向。用正方案观测，在一天之中可以测量多次，

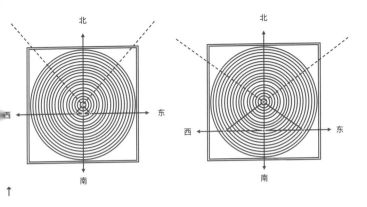

正方案测定方位示意图

左右图表示利用不同圈做的两次测量

寅·肆

甚至可以在许多不同的日子进行观测，这样就可以减少误差。因此他得到了非常准确的南北方向。这也是郭守敬在天文测量上取得高精度结果的原因。郭守敬以正方案测量方位的方法是十分科学的，究其本质，还是表影测量。

定节气

前文讲到最早的圭表，无论是陶寺的圭表，殷商时期的"立中"，还是《周礼》中讲的

> "日南，则景短，多暑。日北，则景长，
> 多寒"，

目的都是通过立表测影确定节气。定节气是中国古代一项最重要的、最基础的天文测量工作。

一年之中，夏至日正午的表影最短，冬至日正午的表影最长。这个现象的发现可能很早，甚至在没有夏至、冬至这样的天文概念时，人们就可能通过观察自身的影子认识到一年中有一天影子最短，有一天影子最长。也许正是这个现象启发了人们去测定每天正午即太阳在正南方时表影的长度，以寻求表影最短和最长的日子。这样的日子古人称为至日。在至日，太阳的位置移动到最北或最南的极限位置，古人称之为"日至"。冬至时，太阳移动到最南端，所以冬至在古代常被叫作"日南至"。

圭表中测量影长的组件就是"圭"，古代叫作"土圭"。《考工记》：

> "土圭，尺有五寸，以致日。"所谓"致
> 日"，就是测量日中时表影的长度以求
> 日至。

对于地理纬度高于北回归线（地理纬度约

↑

北京古观象台的
明清时期圭表

谢志明 / 摄影

<u>寅·伍</u>

为北纬 23.5°）的中国的广大地区来说，日中时的表影总是在表的正北方向。因此，人们可以制作一条平板，一头放在表基，延伸向北。在平板上刻有尺寸，用以读出日中时表影的长度值。这条平板被称为土圭或圭。这种土圭和

表合成一个整体，人们称之为圭表。

中国古代典型的圭表是八尺表，表影的长度都是按八尺表测量得出的，因此圭的长度也就根据最长的冬至日影长来确定。汉代的《三辅黄图》中有条记载说：

> "长安灵台有铜表，高八尺，长一丈三尺，广一尺二寸。题云：太初四年造。"

这里的长和广显然是讲圭的尺寸。

日光

圭　　　　　　　　表

北（子）　　　　　　　　　　　　　　　　南（午）

冬至线　　　立春　　　春分　　立夏　　夏至线
　　　　　　立冬　　　秋分　　立秋

使用八尺表，一年四季中不同节气的日中影长就可以在圭上读出来，由此就可以测定一年的二十四节气。

定时刻

一天内的时刻是由太阳的方位确定的。由于地球的自转，对于地球上的观察者来说，太阳在作一天一周的视运动，因此在天球上不断改变着位置和方位。自古以来，人们就以太阳的位置和方位标识一天内的时刻。甲骨卜辞有"中日""昃"等说法，显然是以太阳方位指示时刻。《淮南子·天文训》中记有一种将白天分为十五段的时刻制度，分别叫作：晨明、朏明、旦明、蚤食、晏食、隅中、正中、小还、晡时、大还、高舂、下舂、悬车、黄昏、定昏。这种时刻的名称非常朴素，应该是较早的时刻制度，其中旦明、隅中、正中、小还、大还、悬车等显然与太阳方位有关。《周髀算经》中记有"日加卯之时""日加酉之时"等说法，就是指太阳指向卯、酉等方向的时刻。

立表测影是测太阳方位最简易的方法。人们通常把利用立表测影测定时间的仪器叫作"日晷"。中国古代有时把表影测量也叫作晷影测量。日晷最常见的设计，就是所谓的庭园日晷，让日影投射在一个标有时刻的平面上，当太阳移动时，影子指示的时间也跟着变动。其实，日晷可以设计在任何物体的表面上，把表影的位置标记好，以后就可以观测表影以知道时刻。因此，日晷有许多种不同的形式：如地平式日晷、赤道式日晷、子午式日晷以及卯酉式日晷，等等。

日晷的使用在中国古代肯定是非常普遍的，史籍中最早的记载是《汉书·律历志》中的"定东西、主晷仪、下刻漏"，这是把日晷和时刻联系在一起，表明是在使用日晷定时刻。

1897 年在内蒙古托克托县出土了一块一尺见方的石板。石板表面平整，中央有一个较深的圆孔。圆孔之外有一半径近四寸的大圆。圆周上刻有 69 个浅孔，均匀分布，共占了圆周的三分之二略多。从每个浅孔有一条直线引向圆心深孔。浅孔边上标有数字，从一到六十九，按顺时针方向排列。数字是用秦汉之际的小篆刻写的，据此和出土情况可以断定此为秦汉之际的遗物。

在我们看来，这件遗物应该就是测定时刻用的日晷，它是汉代时期日晷中唯一完整的实例，现藏于中国国家博物馆。从浅孔位置的分布来看，仪器制作者显然是把整个圆周分成了一百等分。这应该是分一天为一百刻的反映。因为刻线之间的角距是均匀等分的，我们推定这个应该是赤道式日晷，使用时把平板与赤道平行放置，中间深孔中插有表针，指向北极。这样，一天之中，表针的影子指向浅孔以定时刻。用它可以测量日出至日落之间的时刻。从 69 个浅孔占圆周三分之二略多的情况来看，该日晷可以测量当地任何一天的时刻，包括白天最长的夏至日。

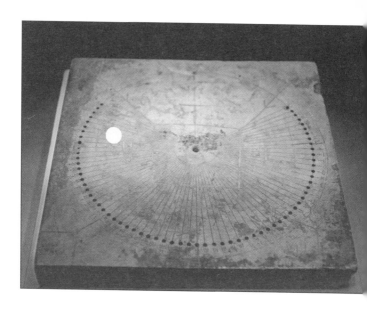

↑ →

汉代时期的日晷
及表面刻度摹绘图

内蒙古托克托县出土

htwxm150/ 摄影

寅·枭

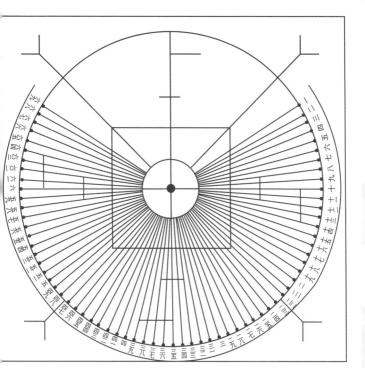

卯 —————————— 圭表测影
　　　　　　　　　与最早的中国

中华文明具有突出的连续性。从距今约 5800 年开始，中华大地上许多区域相继进入了迈向文明的进程。"最早的中国"是考古学界热门的研究话题，有从文字起源角度的考量，有从都城考古角度的考证，有从考古学文化角度的考察，有从精神文化考古视角的探讨。那最早的中国究竟在哪里呢？

最早的中国

按照萧良琼和冯时的解释，可以重新理解一些古代"中"字的含义。例如"中国"的最初意义，就意味着这是立杆测影之国，因为从考古文物中分析，立杆测影在早期文明中不仅是一种天文观测，还是重要的祭祀活动。因此，圭表也自然成为一种礼器，是王权的象征。陶寺王墓 IIM22 以及漆杆 IIM22:43 的发现位置以及器形也验证了这种猜测。利用圭表测影定

← ↑

何尊、何尊铭文拓片
以及其中的"中国"二字

Tpgimages/ 供图

卯·壹

方向、定节气、定疆域，并定都于"地中"的文化传统，使得"中国"的名字得以流传下来。

在《尚书·大禹谟》中，有

> "人心惟危，道心惟微，惟精惟一，允执厥中"

的说法。乾隆手书的"允执厥中"四个字，如今仍高悬在故宫中和殿内。过去对此话的解释是，这是舜帝给大禹的嘱托，告诫他人心是危险难测的，道心是幽微难明的，只有自己一心一意，精诚恳切地秉行中正之道，才能治理好国家。而此处的"中"，如果解释为象征帝王权力的礼器圭表，则执中者为王。这样一来，此句或该理解为，舜告诫大禹，只有"人心惟危，道心惟微，惟精惟一"，才有资格执中而成为一国之主，比突兀地解释为秉行中正之道更合理一些。

1963 年在陕西省宝鸡市出土的西周青铜祭器何尊的铭文中就提到了"中国"的概念。

何尊铭文释曰：

> 唯王初壅，宅于成周。复禀（逢）王礼福，自（躬亲）天。在四月丙戌，王

诰宗小子于京室，曰："昔在尔考公氏，克逑文王，肆文王受兹命。唯武王既克大邑商，则廷告于天，曰：余其宅兹中国，自兹乂民。呜呼！尔有虽小子无识，视于公氏，有勋于天，彻命。敬享哉！"唯王恭德裕天，训我不敏。王咸诰。何赐贝卅朋，用作庾公宝尊彝。唯王五祀。

（何驽，2001）

何尊铭文记述了周成王营建成周、举行祭祀、赏赐臣子的一系列活动。其中记录了天子对于宗小子何的训诰之辞，还引用了周武王克商后在嵩山举行祭祀时发表的祷辞，即"宅兹中国，自兹乂民"。定都天下之中以统治万民，这是周王朝开国之君革故鼎新、接受天命的宣言。

建国与分封

"中国"概念的形成，是与"地中"的概念密切相关的；而"地中"的确定，就是靠圭表测影。在中国古代的宇宙观中，地中不仅是宇宙学意义上的空间概念，而且还是国家政治和道德意义上的概念。"地中"必须用一定方法来确定，这就是《周礼·地官司徒》中说的：

> "以土圭之法测土深。正日景，以求地中。"

地中所在，用八尺表测影，夏至影长应为"尺有五寸"，这是物理意义上确定了的。由于地中在天地宇宙中处在特殊的位置，所谓

> "天地之所合也，四时之所交也，风雨之所会也，阴阳之所和也"，

只有把地中确定好了，才能做到"百物阜安，乃建王国焉"。

汉字中的"封"字，左边是一个"圭"字，右边一个"寸"字，其意义或许就是来自圭表测影。东汉许慎在《说文解字》中对"封"字的解释为：

> "爵诸侯之土也。从之，从土，从寸。守其制度也。公侯百里，伯七十里，子男五十里。"

《周礼·地官司徒》载：

> "凡建邦国，以土圭土其地而制其域。

诸公之地，封疆方五百里，其食者半；诸侯之地，封疆方四百里，其食者叁之一；诸伯之地，封疆方三百里，其食者参之一；诸子之地，封疆方二百里，其食者四之一；诸男之地，封疆方百里，其食者四之一。凡造都鄙，制其地域而封沟之。"

周初界定诸侯边界，首先是确定"地中"所在，建立王畿。以王畿为中心，依次确定诸侯边疆，大小分别为五百里、四百里、三百里等。《尚书·禹贡》中也有"五服"的概念，是一种以王城为中心、圈层式的政治经济治理体系。王城位于中心，王城以外的五百里，为"甸服"，为王畿之地；甸服以外的五百里，为"侯服"；侯服以外的五百里，为"绥服"；绥服以外的五百里，为"要服"；要服以外的五百里，为"荒服"。这样的邦国制度的建立，都离不开"地中"的测定。同时，古人又注意到影长是随着地域不同而变化的，于是就把圭表测影作为确定邦国地理的一种方法。所以说，圭表测影为周朝的分封制提供了科学的依据。

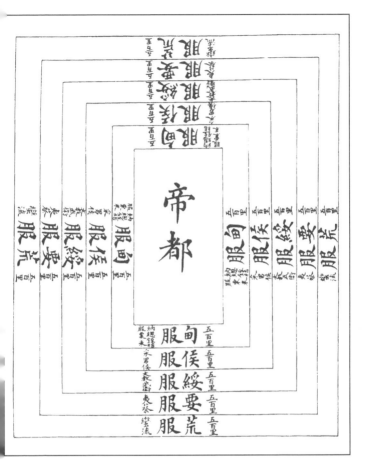

↑

《尚书·禹贡》

"五服"示意图

出自光绪年间编修《钦定书经图说》

卯·贰

如何用圭表确定地中？

　　以圭表测影定地中，古代有几种说法。一种说法从宗教观念出发，认为地中有"建木"，可以通天地。《吕氏春秋·有始览》记载说：

> "白民之南，建木之下，日中无影，呼而无响，盖天地之中也。"

如果是在夏至测影，在北回归线即地理纬度在北纬约23.5°地方，确实是日中无影。但这个"地中"离中华文明的中心地带还是太远了。

　　比较重要的说法还是与西周的建立有关，即"周公营洛"，于是洛邑就被认为是地中。这也是有一定的历史渊源的。洛邑一带地处北纬约34.5°，是夏、商、周先民的生存栖息之地。《史记·封禅书》说：

> "昔三代之居，皆在河洛之间。"

东汉张衡在其《东京赋》中这样描写洛阳的天文地理气候：

> "昔先王之经邑也，掩观九隩，靡地不营；土圭测景，不缩不盈，总风雨之所交，然后以建王城。"

张衡对洛邑的描述，与《周礼》中关于地中的说法一致，其中在天文测量上还是归结到圭表测影。

《周礼》等于是把八尺表夏至影长为一尺五寸的地方规定为地中，另外给出冬至影长为一丈三尺。由这两个数据，可以推算出观测地的地理纬度和黄赤交角。

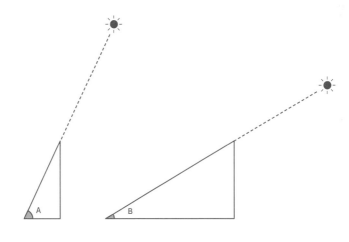

↑

夏至、冬至正午太阳
地平高度及表影示意图

卯·叁

如图，根据夏至影长可求夏至正午太阳的地平高度 A：

$\tan A = \dfrac{8}{1.5} = 5.3333$，$A = 79.38°$，加蒙气
差改正后 A 为 79.37°。

根据冬至影长可求冬至正午太阳的地平高
度为 B：

$\tan B = \dfrac{8}{13} = 0.6154$，$B = 31.61°$，加蒙气
差改正后 B 为 31.58°。

设 L 为观测地的地理纬度，E 为黄赤交角，
则

$90° - L + E = A = 79.37°$

$90° - L - E = B = 31.58°$

求得：$L = 34.52°$，$E = 23.90°$

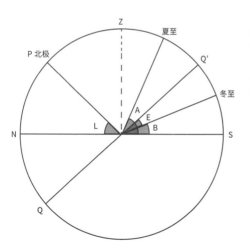

夏至、冬至正午
日高与地理
纬度、黄赤交角
关系示意图

卯·

黄赤交角是随年代缓慢变小的，也就是说距今越古远，角度越大，变化公式为：

$$黄赤交角 = 23°27′8.26″ - 0.4684″T$$

其中 T 为距公元 1900 年的年数。因此，按照《周礼》给出的影长推算出的黄赤交角，其年代距今 3500 多年。

以上说明《周礼》影长的观测地点的地理纬度为 34.52°，与河洛地区相当，观测年代则比西周还要早。考虑观测的误差，也是比较符合情理的。

《周礼》的这组影长数据，汉代以后为多家采用，包括西汉刘安等《淮南子·天文训》、西汉时纬书《尚书·考灵曜》、后汉《四分历》以及魏晋南北朝时《景初历》《元嘉历》等，可见影响之大。周公在历史上被奉为测影定地中的始祖也是有道理的。唐代时天文学家一行、南宫说等人进行大规模的子午线测量，测量南北广大地域的影长，就在登封告城立"周公测影台"，以纪念周公当年确定的"地中"。

周公测景台

古天文台遗址，位于河南省登封县城东南
15 公里的告成镇，即古代的阳城，相传是西周
周公测影的地方。《周礼·地官司徒》记载：
"以土圭之法，测土深，正日景，以示地
中……日至之景，尺有五寸，谓之地中。"
东汉郑玄（127—200）的《周礼注》认为"地

中"即在阳城。《续汉书·天文志》也称：

> "夏至日影尺有五寸。"

其测景必于阳城无疑。据后魏郦道元《水经注》称：

> "颍水……经阳城故城南……亦周公以土圭测日景处。"

这说明后魏时代在阳城古城周公以土圭测日景的故迹依然存在。唐代时，周公测景处古迹犹存。仪凤四年（679）姚玄于阳城测景台依古法测影。开元十一年（723），南宫说在台前数丈以外立石表为志，上刻"周公测景台"五字。历代有许多天文学家曾到这里进行天文观测，元初郭守敬在此建有观星台，上有四丈高表和量天尺（即石圭）等。

陶寺与最早的"中国"

中国古代的"中国"概念应该诞生于西周何尊铭文"中国"之前。在不同的历史时期，"中国"概念的内涵与外延都有所变化。商文化中已有"中国"概念，《诗经·商颂·殷武》：

　　"商邑翼翼，四方之极。"

极就是中的意思，表明商王朝都城被视为天地之中。考古学家认为，偃师商城是商王朝的早期都城之一，在二里头遗址的北侧，占据洛阳地中的核心区域。此外，殷墟卜辞中常有"王立中"的说法，"王立中"即圭表测量。商代晚期商王屡次圭表测量立中，除了制定和校正历法之外，也是为了确立"地中"。

　　夏代应该也有了"中国"的观念。考古学家许宏认为夏朝二里头文化为"最早的中国"（许宏，2009）。二里头文化是中原地区最早的广域王权国家，从周武王和成王营建东都洛阳的情况来看，周人显然是因袭夏人既有的地中观念。所以《说文》中有"夏，中国之人也"的说法。

　　更古老的"地中"观念可以从陶寺文化中发现。陶寺遗址是中国黄河中游地区以龙山文化陶寺类型为主的遗址，为华夏族先民所创造，是华夏文明的源头之一。

　　陶寺遗址位于山西省襄汾县陶寺村南，是

中原地区龙山文化遗址中规模最大的几处之一。经过研究，确立了中原地区龙山文化的陶寺类型，近年来对陶寺遗址的发掘研究，从环境考古、动物考古、植物考古（孢粉、浮选、选种）、人骨分析、DNA 分析、天文学考古等多个方面判断陶寺文化的绝对年代为公元前 2300—公元前 1900 年。

在陶寺遗址发现了古观象台，以观测日出方位定时节，说明了陶寺文化已经具有国家形态。陶寺遗址对复原中国新石器时代晚期的社会性质、国家产生的历史及探索夏文化都具有重要的学术价值。在陶寺遗址还进一步发现了用于测影的圭表，这不能不令人想到陶寺也具有国家政治文化中心的性质。考古学家何驽就认为陶寺也曾是"地中"，是"最早的中国"（何驽，2001）。

陶寺遗址作为"地中"，从圭表测影的历史数据中也可找到蛛丝马迹。《周髀算经》中记载的八尺的夏至、冬至影长分为一尺六寸和一丈三尺五寸。这一数据与其他大多数古文献记载的大有不同，夏至影长比一尺五寸长一寸，测量地显然要比洛邑、阳城地中更北一些，如果按照"千里差一寸"的说法，按上面的计算方法：

夏至日高正切 $=80/16=5$

冬至日高正切 $=80/135=0.5926$

求日高并加蒙气差改正，得：

夏至日高为 $78.69°$

冬至日高为 $30.62°$

由此得：

黄赤交角 $=（78.69°－30.62°）/2=24.03°$

地理纬度 $=90°－（78.69°＋30.62°）/2$
$= 35.36°$

这个地理纬度与陶寺遗址的地理纬度 35.88 度比较接近，但还差半度左右。

对于陶寺发现的漆杆，孙小淳提出这可能是当时使用的圭表的圭，其距杆一端约 40 厘米处的粉红标志当是指圭表夏至日影所在（何驽，2009；黎耕、孙小淳，2010）。何驽考证当时的尺长约为 25 厘米，这样陶寺圭表夏至就为 1.6 尺，与《周髀算经》中的记载一致。也就是说，陶寺圭表影长就是《周髀算经》中影长数据的来源。这个影长其实与陶寺的实测影长并不相符，实测影长应为 1.69 尺。这表明陶寺圭表对应的"地中"应在陶寺遗址南面一些。据何驽的研究，这个"地中"可能是晋南垣曲盆地和运城盆地的庙底沟二期文化。垣曲地区的地理纬度为 34°59′—35°26′，钱宝琮在《盖天说源流考》中计算《周髀算经》数据实测点地理纬度为 35°20′42″，当在垣曲地区内偏北处；赵永恒计算的纬度 35.12°—35.28°，即 35°7.2′—35°16.8′，更加符合垣曲地区的地理纬度。由此可以推测陶寺圭尺上 1.6 尺的夏至影长标志，是从陶寺文化的源头垣曲地区庙底沟二期文化继承下来的。这些都属于"陶寺文化"。因此，可以说陶寺文化是"最早的中国"所在。

二十四节气的天文概念

圭表测影，除了测量冬至、夏至的影长外，还要测二十四节气中其余 22 个节气的影长。二十四节气在中国传统历法中具有举足轻重的地位。中国古代传统历法主要为阴阳合历，而二十四节气就是其中的阳历成分，反映了太阳在一个回归年中的周年视运动。

从天文学的角度讲，二十四节气是地球绕太阳公转的反映，其本质是把地球绕太阳公转的轨道分成二十四等分，地球每经过一个节点就是交一个节气（如图）。

↓

二十四节气地球相对于太阳的位置

辰·壹

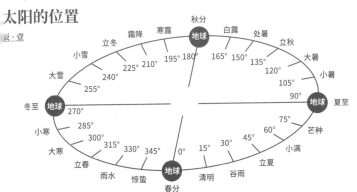

天文学上习惯于从地球上观察者的角度看问题，因此也可以把地球绕太阳的公转看成太阳相对于观察者的周年视运动。太阳在一个回归年中在星空中沿黄道运动一周天，二十四节气就是把太阳沿黄道运动的一周天分成二十四等份，每个节气就标志着太阳在一周年运动中的一个固定位置。天文学上以黄经表示太阳在黄道上的位置，以春分点为起算点，每过1个节气增加15°，二十四节气共周天360°。二十四节气对应的太阳黄经如下表：

二十四节气
对应的太阳黄经表

辰·贰

春	立春	雨水	惊蛰	春分	清明	谷雨
太阳黄经	315°	330°	345°	0°	15°	30°
夏	立夏	小满	芒种	夏至	小暑	大暑
太阳黄经	45°	60°	75°	90°	105°	120°
秋	立秋	处暑	白露	秋分	寒露	霜降
太阳黄经	135°	150°	165°	180°	195°	210°
冬	立冬	小雪	大雪	冬至	小寒	大寒
太阳黄经	225°	240°	255°	270°	285°	300°

"平气"与"定气"

　　由于历史上人们对太阳视运动的认识水平不同，确定二十四节气的方法也有所谓"平气""定气"之分。二十四节气的计算方法，最初是把一个回归年均匀地分成二十四等份。这是基于人们认为太阳周年视运动速度是均匀的认识基础上的。例如，秦汉时期的"颛顼历"的回归年长度定为365又1/4日，平均分为24等份，每一个节气的长度是15又7/32日。从立春开始，每过15又7/32日就交一个新节气。这样定的节气叫"平气"。

　　但是，由于地球绕太阳的公转轨道是一个椭圆，因此严格来说，太阳的周年视运动不是均匀的，当太阳在近地点时，也即地球在近日点时，运动较快；当太阳在远地点时，也即地球在远日点时，运动较慢。

　　中国北齐时的天文学家张子信发现了太阳周年视运动的这种不均匀现象。这样，太阳在不同的平气里所走的度数是不相同的。于是隋代的刘焯在他的《皇极历》中提出以太阳黄道位置分节气。把黄道一周天从冬至开始，均匀地分成二十四份。太阳每走到一个分点就是交一个节气。这样定的节气叫作"定气"。由于太阳周年视运动的不均匀性，每个定气的时间长度是不等的。例如，冬至前后太阳移动较快，一气只有十四日多；夏至前后，太阳移动慢，一气将近十六日。

从民用的角度说，平气、定气之间的差异没有太大的影响，因为人们只要求有个相对固定的标准把生物、气候现象等在一年中的日子固定下来，用平气、定气都可以做到这一点。因此，定气在民用日历中直到清朝的《时宪历》才被用来注历。但是当天文历法中涉及日、

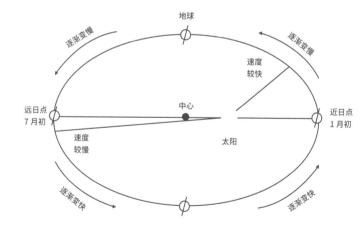

月交食的计算时，必须考虑到太阳运动的不均匀性以计算太阳的真实位置。所以定气在历法推算上用得较早。唐代天文学家一行在《大衍历》中给出的太阳运动计算表就是以定气为根据的。

四时、八节、二十四节气

中国古代二十四节气的形成是一个漫长的历史过程，大致经历了从"二至"（冬至和夏至）、"二分"（春分和秋分）到"四时"（春分、夏至、秋分、冬至），到"八节"（春分、夏至、秋分、冬至再加立春、立秋、立冬、立夏），再到二十四节气的过程。

关于冬至、夏至的认识，应该在史前就有了。史前的考古遗迹如建筑、墓葬等，从它们的指向线来看，古人已经对冬至、夏至有了认识（孙小淳、何驽、徐凤先等，2010）。考古学家在山西襄汾陶寺遗址发现了史前天文台，年代在公元前 2100 年左右，其主要功能是通过观测日出方位以定时节，包括冬至、夏至、春分、秋分等四时（江晓原、陈晓中、伊世同等，2006）。

《尚书·尧典》中记载：

"日中星鸟，以殷仲春""日永星火，以正仲夏""宵中星虚，以殷仲秋""日短星昴，以正仲冬"。

这里的"日中""日永""宵中""日短"分别指春分、夏至、秋分、冬至。而其中提到的"四仲中星"是指仲春、仲夏、仲秋、仲冬时节黄昏时在南方中天的星宿，中国古代叫作"昏中星"。

过去学者对于《尧典》"四仲中星"的研究很多，但还没有得出一致的结论。一些国外学者对此各持看法（陈遵妫，1984），例如，关于四仲中星的观测年代，日本学者能田忠亮认为是在公元前 2000 年左右，另一位日本学者新城新藏认为是在公元前 2500 年左右。法国学者俾俄（J. B. Biot）则认为是在公元前 2357 年，并把这一年视为"尧帝即位年"。另一位法国学者宋君荣（A. Gaubil）认为年代下限为公元前 1858 年，上限为公元前 3042 年，平均为公元前 2476 年。我国学者竺可桢则认为"四仲中星"中的鸟、火、虚三星的观测年代在西周初年，但"日短星昴"的观测年代为公元前 2900 年之前，竺可桢认为这在年代上是唐尧以前，不足为据（竺可桢，1944）。但也有学者如日本学者饭岛忠夫，认为《尧典》中"四仲中星"的观测年代为公元前 400 年。在推算年代上有这么大差异的原因是，学者们把四个星象独立计算，每个星象按岁差推算得出一个年代，然后求平均年代。但由于夏至与冬至黄昏时刻不同，可以差一个小时以上，按岁差折合，年代相差可达 2000 年以上，再加上证认恒星的不一致，学者们得出上面各种各样的结论就不足为奇了。事实上，我们还是要把这四个星当作一个整体来看待，就是代表星空二分、二至点所在。这样，其观测的年代可以推定是在公元前 2200 年左右，相当于陶寺古观象台的时代，也就是传说中的尧帝时代。

以昴宿为例，公元前 2200 年左右，昴宿就处在春分点的位置。如图。

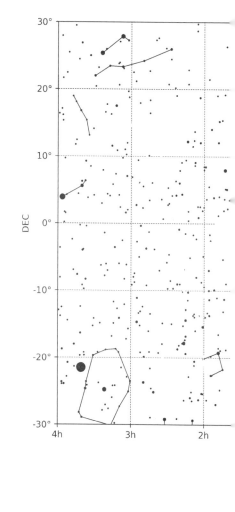

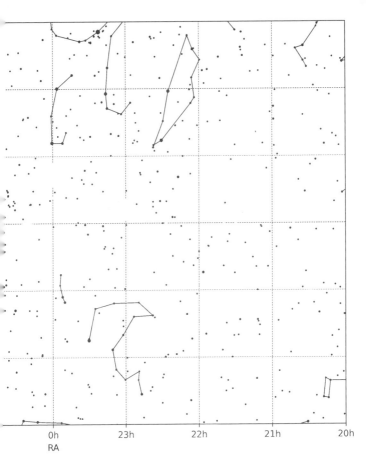

↑

公元前 2200 年昴宿
处在春分点

辰·肆

《夏小正》一般认为是保存了关于夏代历法的资料。据夏纬英的考证，其中涉及物候和农事的文字已经与二十四节气中的一些节气相关。据胡铁珠对《夏小正》星象的系统分析，认为其中星象的观测年代可以对应夏代。前文所述殷商甲骨文字中有"立中""臬""甲""中"等字，都可能与"立表测影"即"圭表测影"有关。用圭表测影，就可以确定冬至和夏至的时刻。殷墟卜辞中有许多记日的文字，也反映出当时已经有了冬至和夏至的概念。

到了周代，天文学有了进一步的发展。在《周礼》中，有专门的天文官员负责天文观测和历法制定。有"冯相氏""掌十有二岁，十有二月，十有二辰，十日，二十有八星之位，辨其叙事，以会天位。冬夏致日，春秋致月，以辨四时之叙"。其中"冬夏致日，春秋致月"是指在冬至、夏至、春分、秋分对日、月举行宗教仪式，这种仪式包括对日、月的观测。这也表明"四时"已经是天文历法上的基本概念，是二十四节气形成的重要中间过程。

与"四时"概念的建立过程相近,"八节"、二十四节气的概念也是逐步完善起来的。春秋战国时期的文献,《左传》中有"分、至、启、闭",《管子·轻重己》中有"春始、春至、夏始、夏至、秋始、秋至、冬始、冬日至"等,都是把一年分为八节。《吕氏春秋》已明确了立春、春分(日夜分)、立夏、夏至(日长至)、立秋、秋分(日夜分)、立冬、冬至(日短至)八个节气,与四季、十二月相配,应属较早形成的"四时""八节"。且《孟春纪》有"蛰虫始振",《仲春纪》有"始雨水",《孟夏纪》有"甘雨至",《仲夏纪》有"小暑至",《孟秋纪》有"凉风至",《仲秋纪》有"白露降",《季秋纪》有"霜始降"等,这些名称都与物候有关,是二十四节气名称的先驱,二十四节气的名称就是从这些物候名称演变而来的。

天文历法与物候、农事的结合,是二十四节气的主要特征。这就是所谓的"月令"传统。《礼记·月令》一说成书于战国时期,其中关于节气和物候的记载,明显地表达出时序对于政事、农事的影响。《月令》中已经提到 13 个节气的名称（陈美东，2003：83）：

春季："立春"（立春）；"始雨水"（雨水）；"蛰虫咸动"（惊蛰）；"日夜分"（春分）。

夏季："立夏"（立夏）；"日长至"（夏至）；"小暑至"（小暑）。

秋季："立秋"（立秋）；"白露降"（白露）；"日夜分"（秋分）；"霜始降"（霜降）。

冬季："立冬"（立冬）；"日短至"（冬至）。

这13个节气中，包括了春分、秋分、冬至、夏至、立春、立秋、立冬、立夏等所谓"八节"。"四时"、"八节"的确立，表明二十四节气的主干部分已经形成。

《史记·律书》提到"八正之气"：

不周风居西北，主杀生。东壁居不周风东，主辟生气而东之。

广莫风居北方。广莫者，言阳气在下，阴莫阳广大也，故曰广莫。

条风居东北，主出万物。条之言条治万物而出之，故曰条风。

明庶风居东方。明庶者，明众物尽出也。

清明风居东南维，主风吹万物而西之。

景风居南方。景者，言阳气道竟，故曰景风。

凉风居西南维，主地。地者，沈夺万物气也。

阊阖风居西方。阊者，倡也；阖者，藏也。言阳气道万物，阖黄泉也。

这"八正"与"八节"是相对应的。

战国时期的文献《逸周书·时训解》中已经有二十四节气的全部名称，但与后来流传的二十四节气名称与序列有所不同。其中"雨水"条下注文说："古雨水在惊蛰后，前汉末始易之。"所谓古时，当是指夏商周。《夏小正》中正月就提"启蛰"，确实在"雨水"之前。"前汉末"很可能就是指太初改历那段时间，当时制定的《太初历》把二十四节气引入了历法计算。但是《太初历》的原始文本并没有保留下来，不过经过刘歆编撰的《三统历》保存了《太初历》的基本内容。《三统历》中有"推中部二十四气"的内容。其术文曰：

"推冬至，以策余乘入统岁数，盈统法得一，名曰大余，不盈者名曰小余。除数如法，则所求冬至日也。求八节，加大余四十五，小余千一十。求二十四气，三其小余，加大余十五，小余千一十。"

这是明确的推算二十四节气的历法算法。汉代文献《周髀算经》《淮南子》都记有二十四节气的全部名称，两者稍有差异，例如，《周髀算经》中的"启蛰"与《淮南子》中的"惊蛰"。

　　比较《吕氏春秋》十二纪、《礼记·月令》《逸周书·时则训》《淮南子·天文训》和《周髀算经》中的二十四节气名称，可以看出二十四节气的名称发展并固定下来的过程。二十四节气到汉代时已经成形，而且用于历法计算之中，是天文历法的主要元素，代表了阴阳合历的阳历部分。

　　由于二十四节气在天文历法中的重要性，用圭表测影确定二十四节气的时刻就成为中国古代天文测量的重要内容。

已——将步天路：中国星空

量天与步天

中国古代的天文观测，都是为了"观象授时"。观测要有仪器，圭表是其中最基本的一种。所谓象，包括了日月五星运动的所有天象，当然也包括圭表影长的变化。所谓时，首先是时节和时刻，但具有更广博、更深刻的涵义，包括了"天时"或"天机"。古代观测所有的天象，就是为了探寻"天时"。所谓"天时"当然就包括了天上的星象给予人们在生产和社会活动中的指导和启示。这就是《易·系辞》所说的：

"天垂象，见吉凶，圣人象之。"

张衡《灵宪》说：

"昔在先王，将步天路，用定灵轨。寻绪本元，先准之于浑体，是为正仪立度，而皇极有逌建也，枢运有逌稽也。乃建乃稽，斯经天常。"

意思是说，远古圣贤的天子，推步天文，以此来确定日月星辰的运行规律。推其本原，探其根本，要先确立天体，端正仪表，确定出周天度数。这样天地的极心得以确立，万物绕天极的运动得以考定。这种确立和考定，都是纲纪天体变化的常态。

张衡所讲的"正仪立度"，肯定包括了圭表。因为前面我们已知道，古代就是靠立表测影来定方位的。"将步天路"，实际上就是量天和测天。古人把观测星象看作步量星空，所以有隋唐时期的天文学家丹元子王希明把描述天上星官的书叫作《步天歌》，就是取步量星空之义。

任何天象和时节，都要落实到星空背景之上。日月五星，运行到什么地方，需要在星空背景予以标记。彗孛飞流等异常星象，发生在什么地方，也需要用星空背景来标示。季节的变化，古人也是用星象来表示。比如，《诗经》有"七月流火，九月授衣"的诗句。《礼记·月令》等讲时令的文献，都要讲每个时节的星象，如"孟春之月，日在营室，昏参中，旦尾中"，也是在讲每月的星象。因此，测量季节归根到底还是与观测星象有关，星象是天时不可或缺的一部分。

天上的街市

    人们看到天上的繁星点点，自然而然就会产生种种联想。我国著名学者、诗人郭沫若有一首小诗，就叫《天上的街市》：

远远的 / 街灯 / 明了，好像是 / 闪着 / 无数的 / 明星。

天上的 / 明星 / 现了，好像是 / 点着 / 无数的 / 街灯。

我想那 / 缥缈的 / 空中，定然有 / 美丽的 / 街市。

街市上 / 陈列的 / 一些物品，定然是 / 世上 / 没有的 / 珍奇。

你看，那浅浅的 / 天河，定然是 / 不甚 / 宽广。

那隔着河的 / 牛郎织女，定能够 / 骑着牛儿 / 来往。

我想 / 他们此刻，定然在 / 天街 / 闲游。

不信，请看 / 那朵流星，是他们 / 提着灯笼 / 在 / 走。

诗中提到的牛郎星、织女星，还有关于他们的神话传说，可以说是家喻户晓。天河就是指银河系，实际上是由很多恒星组成的，看起来像银白色，中国古代称之为天汉或天河。流星也是天上常见的现象。但是，这首诗的意义，不在于其中提到的一些星名，而在于看星星所引起的想象。天上的星星到处都是一样的，但不同的人看就有不同的想象，在不同的文化中就有不同的意象。郭沫若能够想象牛郎、织女一对情侣在天街提着灯笼闲游，这不仅仅是诗人本身的想象，还包括了中国传统文化中关于星空的想象。对于星空想象最直接的表现形式是什么？那就是对天上的星星的组织和命名，也就是我们说的星座，中国古代称之为"星官"。

　　对于天上的星座，现在我们大多数人知道得比较多的可能还是西方的星座。大熊座、英仙座、仙后座、御夫座、猎户座、天鹅座等，都是大家熟悉的星座。更有白羊、金牛、双子、巨蟹、狮子、室女、天秤、天蝎、人马、摩羯、宝瓶、双鱼等黄道十二宫，特别受到关心自己人格命运的年轻人关注。所有这些，都是西方传统的星座。现代天文学中使用的标准星座，就是在西方星座传统上建立起来的。

天文学中使用的标准星座是 1922 年由国际天文学联合会"星座界定委员会"确定的，共有 88 个星座，其中 48 个采用的是古希腊的星座。在古希腊天文学家托勒玫的天文学著作《至大论》中就有这 48 个星座的名称和位置。其余 40 个星座是文艺复兴、航海大发现以来，西方航海学家、天文学家逐步添加的，主要集中在南半天球。因为在近代大航海时代之前，南半天球的星空是生活在北半球的人们没有见过的。

希腊星座更早的源头是两河流域的美索不达米亚的巴比伦文明的星座。在大约公元前 20 世纪的古巴比伦时代，人们把黄道附近的恒星划分成 16 组，后来演变为黄道十二宫。到公元前 6 世纪，已有了大约 30 个星座。古希腊文明大量吸收了两河流域的文化，把星座知识吸纳过来。他们想象的星空是神话的世界，于是用神话中的英雄人物、动物和事物来命名星座。

在西方星座体系之外，中国传统星官体系是一个完整而独立的体系。这一体系的源头可能很早，可以上溯至西周以前乃至传说中的尧帝时代，但成系统的构建应该在春秋战国至秦汉时代。这一时期流传有多家星官，主要的有所谓的"三家星官"，即石氏、甘氏和巫咸氏。三国时期吴国的太史令陈卓汇总三家星官，确立了中国传统的星官体系，计有283个星官、1464颗恒星。星官数量及包括的恒星个数都超过了古希腊托勒玫在《至大论》中给出的星表。根据星名，我们就可以看出中国星官体系是中国古代社会政治文化在天上的反映。与西方星座体系相比较，两个体系体现了不同的文化传统。西方的体系可以说是浪漫的、神话的体系，而中国的体系可以说是现实的、社会的体系。

回到《天上的街市》，郭沫若的想象是有根据的。中国星空上确实就有街市。而牛郎星、织女星正好在天市附近隔着天汉相对而视。中国古代把星空大体上分为"三垣二十八宿"，

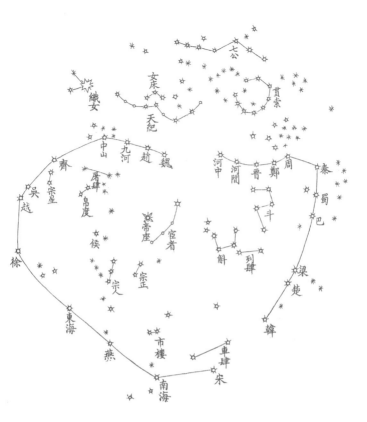

**天市垣的
星官
示意图**

其中有一垣就叫"天市垣",所在天区对应现代的星座武仙座、巨蛇座、蛇夫座、天鹰座等。我们来看看这天市之中都有哪些中国星官。

这是用中国古代的地名、国名围起来的大

片区域，构成了天上的街市。其中有各种各样的商店和摊位，有列肆、车肆、屠肆。肆就是商店或作坊的意思。列肆是指整排的商店，相当于百货商店。车肆应该就是车行。屠肆是肉铺店。还有帛度，是卖布的商店。市场需要管理，所以有"市楼"，相当于市场管理中心，其职责是发布律令、监督交易、平衡物价，因此就少不了一些管理人员，有宗星、宗正、宗人、宦者等。这是国家管理市场的象征，商业活动必须在政府的领导下进行，要有帝王率领诸侯坐镇，所以有帝座、侯星等。市场管理少不了度量衡的标准器，有斗、斛等星，相当于"公平秤"。所以，天上的街市是确确实实存在的，它是中国星官体系的一个重要组成部分。

天人对应的体系

中国星空除了有街市之外，还有与人间社会对应的各种事物。把中国古代的星官名归纳一下，包含了下列事物：

帝王将相、贵族皇族、宫廷人物；

官僚机构、文武官员；

建筑设施、日用器物；

交通运输，道路桥梁、车马仓库；

山川河流、花园城堡、动物植物；

农家生活、耕织狩猎；

宗教礼仪、神话传说；

军队战场、郡国州县；等等。

举例来说，中国古代是农业社会，天上就少不了与农业生产活动相关的星官。于是有天仓、天囷、天廪、天庾等各种各样的仓库；有刍蒿这样的草堆，有天溷这样的化粪池；有丈人、子、孙这样的农家；有杵、臼这样的农具；有簸扬的箕和簸扬出来的糠；甚至连不登大雅之堂的厕所也搬到了天上，叫作厕或天厕。有厕所就有粪便，所以中国星官中就有屎星，在天厕旁边。不仅如此，中国古代还注意到了屎星是一颗黄色的星。占星家们对此有说法。石氏曰：天矢（屎）星，主候吉凶，色黄即吉，青白黑，凶。《黄帝占》曰：常以春秋

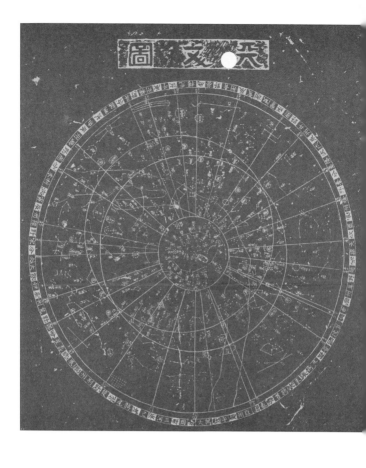

↑

宋代苏州石刻星图
准确地刻绘了
全部中国传统星官

巴·

分候矢（屎）星，明黄而润泽，则天下人民无疾病，王者安；其星不明色青黑，天下人民有腰肠之病，其国饥，人民饿死。看来古代占星家还颇通医学，因为屎的正常颜色是黄色，说明身体比较健康。如果变色，那说明人的身体有疾病，天下会出现瘟疫。

由此可见，中国的星官包罗万象，尊至帝王将相，卑到天厕天屎，无所不有，说明中国古代就是要把星官构建成彻头彻尾的天人对应体系。人间有什么，天上就有什么。为什么是这样的呢？

古人观星，一方面是为了知道时节，制定历法，推算日月五星的位置，另一方面是为了占星。占星在今天看来不是科学的东西，但是在古代，是与"天文科学"的内容分不开的。事实上，古代讲的天文就是占星的意思。占星就是要通过观察星象来建立与人间事物的关系，预测事物的吉凶。中国古代认为，要把人间的事务处理得好，就得遵循天的法则。天的法则如何才能知道？观天象就是一个很好的办法，所以才有"天垂象，见吉凶，圣人象之"的说法。就是说，天把天象展示在那里，如果是圣人，就得按天象所预示的意义来行事。天象的意义最重要的就是关于吉和凶，什么事情做了吉利，什么事情做了不吉利。

天上发生的天象，有些是正常的，比方说太阳东升西落、月亮阴晴圆缺、斗转星移等；但是也有很多是异常的，古代叫作"灾异天象"，如日月食、五星凌犯、流星、彗星、客星之类。异常天象的发生，预示某些异常的事件已经发生或将要发生，因此就要"入占"。中国古代对异常的天象是非常重视的，因为中国古代很早就有"天人合一"或"天人感应"的思想。汉代有一位儒学大师，就是向汉武帝提出要"罢黜百家，独尊儒术"的董仲舒，他认为天人之间是互相感应的，异常的天象是对帝王统治不当的一种警告，如果帝王还不接受警告而及时改弦更张，上天还会发出更严重的警告。在这种思想的影响下，帝王自然就应该"朝乾夕惕"，小心翼翼。同时也就要求天文学家时时刻刻注意天象的变化，以便预知吉凶。

但是就技术而言，要进行这样的星占，就

必须建立天地对应的关系。中国古代就是通过星官的组织与命名来建立这种关系的。通俗地来讲，就是地上人间有什么，天上世界就有什么。天上在什么地方发生了异常，地上相应地就在什么地方发生异常，反过来也是如此，这就是"天人感应"。有了这么一个对应体系，中国古代的星占就变得直截了当了。也就是说，"天垂象"预示的吉凶就有了解读的依据。

汉代的司马迁在汉武帝时的职务是"太史令"，既是史官，又是天文学家。他编撰的《史记》有一卷专门讲星官，叫作《天官书》，这是现存最早的系统描述中国古代星官的著作，对于中国星官体系的形成起到了决定性的作用。为什么叫"天官书"呢?古人的解释是这样的："星座有尊卑，若人之官曹列位，故曰天官。"也就是说，把天上的星星与人间的官曹对应起来。张衡《灵宪》中关于星星就这样说道：

> "众星列布，体生于地，精成于天，列居错峙，各有所属。在野象物，在朝象官，在人象事。"

这里，星星与人间社会的对应是多方位的，既对应于物，又对应于官，还对应于事。中国星官就是这种全方位的"天人对应"体系的构建，天文观测和星占解释都是在这样的体系下展开的。

《天官书》的星象世界

说天象也好，说星象也好，其中的"象"是一个很重要的概念。大家平时说什么象（像）什么，可能没有意识到这个概念的重要性。其实可以毫不夸张地说，中国古代哲学思维中很重要的概念，就是这个"象"。象是取象、类比和象征，即用一种事物去比照另一事物，从而取得对事物的理解。天上的星星有星象，《周易》中的卦有卦象。如果没有通过"象"建立起来的事物之间的联系，天上的星星就对人类毫无意义。中国古代星占就是通过观星来揭示出其中的"星象"。而星官的命名就是最基本的"星象"。举个具体的例子，天上有星官叫作"帝"，那它代表的或者象征的就是人间的皇帝。当然，这种象征关系是经过一定历史阶段才建立确定的，而且不同的占星家还会建立不同的象征关系。也就是说，同样的星，历史上本来有各种各样的名称，但是，时间久了，经过文化的积淀和人们的约定俗成，就慢慢把这些星名确定了下来。

我们可以通过《天官书》来具体看看中国星空的"天上人间"是如何建立起来的。

仰望星空，有一个位置比较特殊，那就是天上的北极。天上的北极实际是地球的北极向星空的延伸。由于地球的自转，我们看到了太阳的东升西落。晚上看星星，星星也是东升西落。抬头往北看，你会感到所有的星星好像是绕着一个固定的点画圈。离这个点越近，画得圈越小，以至于整个圆圈都在地平之上，也就不会落到地平以下。这个固定的点就是北天极。对于古人来说，北天极的地位非同小可。孔子说："为政以德，譬如北辰，居其所而众星拱之。"这个北辰就是北极星。意思是说，帝王如果以德行来治理国家，那就好比北极星，只要坐在那里不动，众星都会围绕他转。所以北极在中国星空中是最尊贵的地方。最尊贵的地方当然就是帝王之所在，所以中国古代天文学家把北极附近的"拱极天区"想象成了天上的"中宫"，也就是天上的"紫禁城"。

我们来看一下《天官书》是怎么说的：

"中宫天极星，其一明者，太一常居也。旁三星三公，或曰子属。后句四星，末大星正妃，余三星后宫之属也。环之匡卫十二星，藩臣。皆曰紫宫。"

太一，就是天帝。这一中央天极天区，石氏星官有北极、勾陈、天一、太一和紫微等。紫微又叫紫微垣，是三垣二十八宿中的一垣。北极这一星官共有五星，其中较亮的就是帝星，旁边是太子、庶子、后宫和天枢。天枢在汉代时就是北极真正的位置，所以叫"天枢"。既然是紫宫天廷，那就当然应该有朝廷的官员和设施，所以甘氏在这一天区就命名了这样一些星官：天皇大帝、四辅、阴德、六甲、尚书、御女、天柱、柱史、华盖、女床、五帝内座等，这样，中央紫宫就是名副其实的中央帝廷了，相当于后来的"紫禁城"。

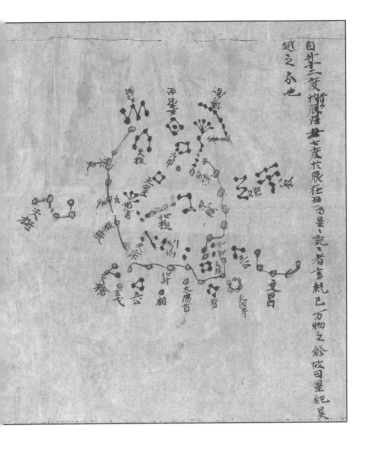

↑

敦煌星图（局部）中
所描绘的紫微垣星官

其中，浅色点为石氏星官，深色点为甘氏星官

巳·叁

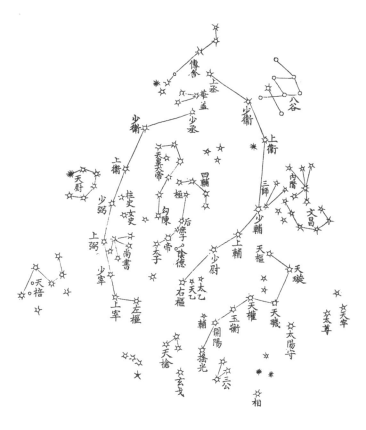

中国传统星官体系中的
紫微垣星官

↑

东汉武氏祠画像石
"斗为帝车"图（局部）

录自清代冯云鹏、冯云鹓编《金石索》

3·伍

除此之外，围绕紫微垣的还有一些属于中央朝廷的官员和设施，有天枪、天棓、内厨、大理、天牢，等等。最显著的星官当属北斗七星。在《天官书》构建的中宫系统中，北斗星的地位和作用非常关键。《天官书》说：

> "斗为帝车，运于中央，临制四乡。分阴阳，建四时，均五行，移节度，定诸纪，皆系于斗。"

北斗七星象征着"中央集权"制度的运转，帝王之所以能够控制帝国，全靠这绕着中央运转转动的北斗"帝车"来实现。

除中宫"紫宫"之外，《天官书》还描述了沿黄道、赤道分成的四宫，分别是：

> "东宫苍龙，房、心。心为明堂，大星天王，前后星子属。"

明堂是天子布政之宫，房、心构成一个天庭。大星就是心宿二，因为是红色星，所以中国古代也称之为"大火"。

> "南宫朱鸟，权、衡。衡，太微，三光之廷。"

太微匡卫十二星，构成了天子之宫廷。这一帝廷可谓阵容和结构齐备：

> "西，将；东相；南四星，执法；中，端门；门左右，掖门。门内六星，诸侯。其内五星，五帝。后聚一十五星，蔚然，曰郎位；傍一大星，将位也。"

> "西宫咸池，曰天五潢。五潢，五帝车舍。"

作为五帝车舍，自然又是一天庭。《史记索隐》引《文耀钩》说是"西宫白帝，其精白虎"。

> "北宫玄武，虚、危。危为盖屋，虚为
> 哭泣之事。"

所谓"哭泣之事"，就是庙堂祭祀祷祝之事，是天之冢宰，主平理天下，覆藏万物。所以又为一天庭。

《天官书》描述的这五天庭实际上构成了一个帝王统治的完整制度。古代帝王对天下的统治，是通过巡狩制度来体现的。帝王巡狩制度，是王权统治以礼仪治天下的举措，是国家与社会、中央与地方、华夏与四夷、王权与士民联系的政治纽带，是统一帝国的政治运作模式。传说舜帝开创了这样的巡狩制度。《尚书·舜典》说：

> 岁二月，东巡狩，至于岱宗，柴。望秩于山川，肆觐东后。协时月正日，同律度量衡。修五礼、五玉、三帛、二生、一死贽。如五器，卒乃复。五月南巡狩，至于南岳，如岱礼。八月西巡狩，至于西岳，如初。十有一月朔巡狩，至于北岳，如西礼。归，格于艺祖，用特。五载一巡狩，群后四朝。敷奏以言，明试

以功，车服以庸。

秦始皇在统一天下之后，仿照古制实行巡狩制度。他东巡狩到岱宗，也就是泰山，举行了最高规格祭天活动——封禅。他还东巡至琅琊，刻石记功。

《史记·封禅书》也称：

"岁二月，东巡狩至于岱宗……五月，巡狩至南岳……八月，巡狩至西岳……十一月，巡狩至北岳……五载一巡狩。"

这种帝王通过巡狩而实现对天下的统治的制度也在星空中反映了出来。《天官书》关于"斗为帝车"和"五天庭"的描述就是这种制度的反映。

关于星空，张衡除了著有《灵宪》，还作有《思玄赋》。《思玄赋》曰：

出紫宫之肃肃兮，集太微之阆阆。命王良掌策驷兮，逾高阁之锵锵。建罔车之幕幕兮，猎青林之芒芒。弯威弧之拨剌兮，射嶓冢之封狼。观壁垒于北落兮，伐河鼓之磅硠。乘天潢之泛泛兮，浮云汉之汤汤。倚招摇摄提以低回剹流兮，察二纪五纬之绸缪遹皇。

这不啻是星空的畅想曲，更是对帝王巡狩制度的礼赞。

由此可见，中国的星官体系本身就是一种"步天"的结果，是对天象所体现的宇宙秩序的模仿。

午 ——————二十八宿
和四象

三垣二十八宿

　　前面我们已经提到中国古代星空的"三垣二十八宿"。这是唐代开元年间王希明介绍星官的著作《步天歌》中所采用的天区划分体系，因为比较好地概括了中国星空的全貌，所以后世都用"三垣二十八宿"概指中国全天星官。

　　所谓三垣，就是紫微垣、天市垣和太微垣。《史记·天官书》中紫微垣、太微垣已经成形，虽然没有直接称作"垣"，而是分别称作"紫宫"和"太微"，但已经勾画出"七匡卫"的区域，显然是一个城垣系统。"天市"在《天官书》中只是记作"旗中四星曰天市"，显然还不是一个城垣系统。因此，天市垣是《天官书》之后构建的，很可能是三国时期陈卓所为，《晋书·天文志》记有

　　　"天市垣二十二星，在房、心东北"，可以佐证。

　　什么是二十八宿？

　　二十八宿首先是一个星官体系。中国古代

在天球黄道和赤道带上选取二十八个星官，以标记日月五星的位置和运动。一个恒星月是27.32天，也就是说，月亮大概28天在星空背景上沿黄道运行一周天。因此，取二十八个星官应该是与标记月亮运动有关。"宿"本来就是过宿的旅舍的意思，一个恒星月中月亮每晚在星空都有一个住宿的地方，共有28个星官。所以把这二十八个星官称作"二十八宿"，又称"二十八舍"。

通常把二十八宿分属四方，与四象相配，它们是：

· 东方苍龙七宿：角、亢、氐、房、心、尾、箕。这七个星宿构成一条龙的形象，春分时节在东部的天空，故称东方苍龙七宿；

· 北方玄武七宿：斗、牛、女、虚、危、室、壁。这七个星宿构成一组龟蛇互缠的形象，春分时节在北部的天空，故称北方玄武七宿；

· 西方白虎七宿：奎、娄、胃、昴、毕、觜、参。这七个星宿构成一只虎的形象，春分时节在西部的天空，故称西方白虎七宿；

南方朱雀七宿：井、鬼、柳、星、张、翼、轸。这七个星宿构成一只鸟的形象，春分时节在南部天空，故称南方朱雀七宿。

二十八宿其次是一个坐标体系。中国古代用二十八宿标记日月运动位置时，选这些星官中的一颗星作为"距星"，以便度量天体的位置。二十八宿的二十八个距星，与北天极一起，构成了中国古代天体坐标框架。某宿距星至下一宿距星的赤经差，记为该宿的距度。某天体与某宿距星的赤经差叫作该天体的"入某宿度"，某天体距北天极的角距离叫作该天体的去极度。这样，知道了某天体的入某宿度和去极度，又事先测定所有二十八宿的距度，该天体的赤道坐标实际上也就确定了。所以说，二十八宿构成了中国古代独具特色的赤道坐标体系。中国古代观测天体的位置，多数情况下就是采用这种中国式的赤道坐标系。

如下图，以角、亢为例进行说明。图中P为北天极，圆圈为天赤道。A为角宿的距星，

AP 交天赤道于 J；B 为亢宿的距星，PB 交天赤道于 K。角宿的距度为 12 度，故 JK = 12 度。S 为某天体，PS 交天赤道于 R。于是 JR 为 S 天体入角宿的"入宿度"，PS 为 S 天体的"去极度"。

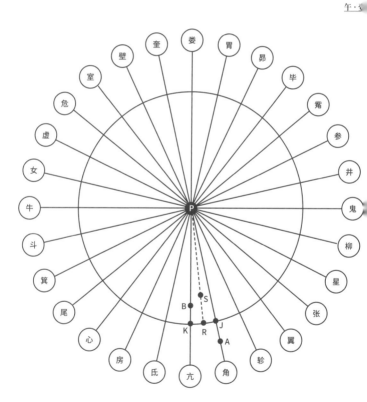

二十八宿又是一个天球分区体系。二十八宿把整个天球分成橘子瓣状的二十八块，每一块的宽度就是每一宿的距度，二十八宿距度加起来总和一周天的度数，为 365 又 1/4 度。在中国古代星图如苏州石刻星图上，我们可以看到二十八宿距度线把全天平面图分为 28 个扇形的情况，就是采用这种分区。《步天歌》描述三垣以外的星官，也是按这二十八天区来进行的：

角宿：南北两星正直著，中有平道上天田，总是黑星两相连，别有一乌名进贤。平道右畔独渊然，最上三星周鼎形，角下天门左平星，双双横于库楼上。库楼十星屈曲明，楼中柱有十五星，三三相着如鼎形，其中四星别名衡，南门楼外两星横。

这描述了位于角宿天区的平道、天田、进贤、周鼎、平、库楼、柱、衡等星官。

二十八宿的起源

二十八宿系统的建立，经历了十分漫长的历史过程。中国古代有二十八宿，印度古代也有二十八宿（印度称作"月站"）。两者都很古老，而且相互之间看起来也是有联系的。孰先孰后，学术界至今也无定论。这里只介绍中国二十八宿的情况。

最早的二十八宿可以追溯到《尚书·尧典》的四仲中星，即火（心）、虚、昴、鸟（星）。《尚书·胤征》所载仲康日食还提到了房宿。《夏小正》，相传是夏代的天象历，其中提到了鞠（虚）、参、斗、昴、大火等 5 个二十八宿星名。《诗经》出现了参、昴、大火、定（室、壁）、牵牛、织女、斗、毕、箕等 9 个宿的名称。《左传》《国语》等典籍，还可见角、尾、婺女（女）、咮（柳）、本（氐）、天根（亢）、建星（斗）等七宿的名称（陈美东，2003：67）。

"二十八星"的说法，最早出现在《周礼》中。《周礼·春官》：

"冯相氏掌十有二岁、十有二月、十有二辰、十日、二十有八星之位。"

这"二十八星"应该就是指二十八宿，不过《周礼》中并没有给出二十八宿的名称。

二十八宿的全部名称最早见于湖北省随州曾侯乙墓出土的一件漆箱盖上，该墓的年代约为公元前 433 年。这是迄今为止发现的记有全部二十八宿名称的最早实物证据（陈美东，2003：68）。在漆箱盖上，两端用朱漆绘有龙与虎的图像，中间为一大的"斗"字，二十八宿名环绕"斗"字，呈现出北斗、四象与二十八宿相联系的天象体系。这说明二十八宿体系的形成当不晚于春秋战国后期。

《礼记·月令》中给出了一年四季十二个月的"日在宿""昏中星"与"旦中星"，三者组成系统，从天文观测的角度来看是完全自洽的，与公元前 7 世纪的实际天象相符，从中可以看出完整的二十八宿体系。

全部二十八宿的星象图首见于在西安交通大学附属小学院内发现的一座汉代砖室墓顶上的天文图上。其年代约在西汉晚期宣帝、元帝

↑

公元前 5 世纪的漆箱盖上的星图及摹本

出土于湖北随州曾侯乙墓

西街 58 号 / 摄影

午 · 贰

之后，王莽之前（约前 73—8）。该图中间分别为金乌、蟾蜍图像，分别代表日、月。外围环带上画有二十八宿星象图，星官点线图与形象图结合。比如东方（图下方）七宿，画成一龙形，中间一颗星特别地画为红色，当是"大火"，即心宿二。龙尾之后是一男子踞地而坐，双手像是执着簸箕，代表箕宿四星。再如北方七宿，先是斗宿，画着一个身穿长袍的男子，右手执一星，右边有五颗星。六颗星组成斗形，为斗宿。斗宿之后是牛宿，画着一男子手里牵着一头牛。牛宿在汉代又叫"牵牛"。女宿之后，画着虚、危二宿，五颗星构成一龟壳形，中间还画有一条黑色的小蛇。这个图像颇似北方玄武之象，即《史记·天官书》所说"北宫玄武，虚、危"。再如南方七宿的鬼宿，汉代称为"舆鬼"。壁画中的鬼宿被画成一前一后两人用担架抬着一个头上长角、身上有斑点花纹的怪物，是"舆鬼"形象的生动描绘。总的来说，这个星图上的二十八宿形象与《史记·天官书》描述的二十八宿星官非常吻合（雒启坤，1991）。这也说明二十八宿在汉代时已经成为基本的天文常识了。

西安交通大学西汉壁画墓
墓室二十八宿星象图

午·叁

"今度"与"古度"

把二十八宿作为标记天体位置的坐标体系，就必然要对各宿的距度进行测量和确定。唐代《开元占经》卷六十至六十四载有西汉晚期刘向《洪范五行传》所记的二十八宿古度，以及称作"石氏曰"的二十八宿距度。前者与阜阳出土的西汉汝阴侯墓二十八宿圆盘（约前165）上的二十八宿距度值基本相同。后者则与《淮南子·天文训》中记载的二十八宿距度值相同，也是汉武帝太初改历时落下闳等人经过重新测量的二十八宿距度值，所以称作"今度"。二者显然来自不同的系统。造成各宿距度"古度"与"今度"差异比较大的原因是，在二十八宿距星（即以它为测算参照的恒星）的选择上，两个系统有所不同。总的来说，二十八宿作为一个完整体系，大约形成于春秋时期早期。距度的测量出现于春秋战国之际，古度系统大约成于此时。战国时石申对二十八宿系统重新进行了整合与测量，汉代太初改历时又对其进行重新测量，为把二十八宿

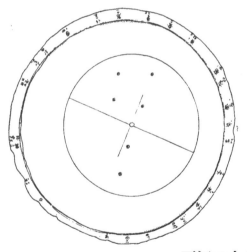

西汉二十八宿圆盘及摹本
上有二十八宿名称及古度数值

壹品书生 / 摄影

午·駉

作为历法推算的基本参考系做好了准备（陈美东，2003：69—72）。

根据汉代文物和文献，考定二十八宿"古度"和"今度"如下表所示：

宿	古度	今度	宿	古度	今度	宿	古度	今度	宿	古度	今度
角	12	12	斗	22.25	26.25	奎	12	16	井	29	33
亢	11	9	牛	9	8	娄	15	12	鬼	5	4
氐	17	15	女	10	12	胃	11	14	柳	18	15
房	7	5	虚	14	10	昴	15	11	星	13	7
心	12	5	危	9	17	毕	15	16	张	13	18
尾	9	18	室	20	16	觜	6	2	翼	13	18
箕	10	11	壁	15	9	参	9	9	轸	16	17

二十八宿"古度"与"今度"的不同，说明当时的二十八宿在选星上有所不同，也说明了当时存在不同的系统。《淮南子·天文训》详述二十八宿距度，其文曰：

星分度：角十二，亢九，氐十五，房五，心五，尾十八，箕十一四分一，斗二十六，牵牛八，须女十二，虚十，危十七，营室十六，东壁九，奎十六，娄十二，胃十四，昴十一，毕十六，觜觿二，参九，东井三十三，舆鬼四，柳十五，星七，张、翼各十八，轸十七，凡二十八宿也。

这与《汉书·律历志》所载二十八宿名、度数相同。但是在《史记·律书》中又载有二十八舍，其名称为：角、亢、氐、房、心、尾、箕，建星、牵牛、须女、虚、危、营室、东壁，奎、娄、胃、留、浊、参、罚，狼、弧、注、张、七星、翼、轸。其中"注"即柳星，"浊"即毕星，"留"即昴星，只是名称的不同。但以建星代替斗，以狼代替舆鬼，以弧代替东井，以参、罚代替觜觿，与《吕氏春秋》《淮南子》《天官书》所记皆不合。可见，当时确实存在不同的二十八宿体系。我国著名天算史家钱宝琮认为，战国时期星占术原有二派，石申一派主用黄道邻近之二十八宿，而甘德一派则主用赤道邻近之二十八舍，两者在星官的选取上有所不同。但不管是二十八宿，还是二十八舍，都是为观察月之行度而建立的，这是毫无疑问的。《吕氏春秋·圆道》篇云"月躔二十八宿，轸与角属，圆道也"，可为明证。

四象

《史记·天官书》中提到"东宫苍龙""南宫朱鸟""西宫咸池""北宫玄武"，这就是天文星象中的"四象"。提到"西宫咸池"而非"西宫白虎"，说明司马迁撰写《天官书》时四象还不是分别代表东南西北四方七宿，有的只代表其中的若干宿。比如，《天官书》提出"北宫玄武，虚、危"，说明玄武只代表虚、危二宿，不代表斗、牛、女、虚、危、室、壁等北方七宿。这一点在前面提到的汉墓星图中也得了证实。但是，《天官书》又说"参为白虎"，参为西方七宿之一，说明西方白虎的星象也是隐含在《天官书》中的。因此可以说，《天官书》已经具备了"四象"的星象。

张衡《灵宪》这样描述星空：

> 星也者，体生于地，精成于天，列居错跱，各有逌属。紫宫为皇极之居，太微为五帝之廷。明堂之房，大角有席，天市有坐。苍龙连蜷于左，白虎猛据于右，朱雀奋翼于前，灵龟圈首于后，黄神轩辕于中。

左苍龙，右白虎，前朱雀，后灵龟（玄武），四象已经完备了。

四象为什么取龙、虎、鸟、龟（蛇）这四种动物的形象?这可能与古代的图腾崇拜有关。中国古代对龙、虎的崇拜，可以追溯到新石器时代。1987 年在河南濮阳发现了公元前 4500 年左右的古墓，其中在墓主人的东边是用贝壳排列摆成的龙形图案，在墓主人的西边则是用贝壳排列摆成的虎形图案。在墓主人脚下用人

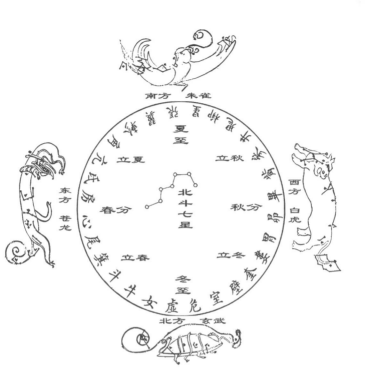

南方　朱雀

夏至

立夏　　　　　立秋

北斗七星

东方　苍龙　　春分　　　秋分　　西方　白虎

立春　　　　　立冬

冬至

北方　玄武

四象方位
示意图
午・陆

骨和贝壳堆起的图案，看起来像是北斗。墓室的这种摆放方式，其象征意义应该与后世在墓室顶部绘制星象图是一致的，都是为了祈祷死者的灵魂升天。如此看来，龙、虎星象观念是极其古老的。

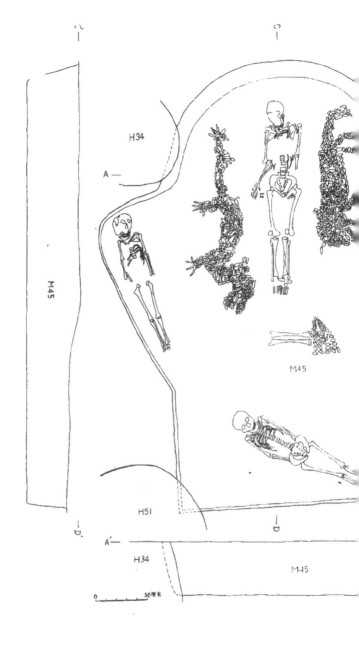

北

─B

H4b

M54

←

─B'

H46

**西水坡仰韶文化 45 号墓
出土的龙虎北斗图**

出自《河南濮阳西水坡遗址发掘简报》

午·柒

龙在中国古代具有特别尊贵的地位。龙可以说是中华民族的共同图腾。《淮南子》卷三记载：

　　"天神之贵者，莫贵于青龙。"

故而青龙或为四象之首。对虎的崇拜也是由来已久。新石器时代良渚遗址发现的玉琮上的兽面和殷商青铜器上的兽面，都与白虎的形象相似。三堆星发现的青铜器上也都有龙、虎的形象。可见把龙、虎作为星象的代表在古人的观念中是顺理成章的。

　　后来加入朱雀和玄武而成四象，当是融合多民族图腾的结果。鸟图腾在长江流域而且在其原始遗存中有普遍发现。河姆渡文化遗址中发现有双鸟朝阳象牙雕刻、鸟形象牙雕刻、圆雕木鸟，甚至还有双头连体的鸟纹图像。商氏族崇拜的就是玄鸟。《诗经·商颂》：

　　"天命玄鸟，降而生商。"

玄武是龟与蛇的合体。夏王朝大禹的父亲叫作"鲧"，字玄冥，也可以叫作玄武，通常鲧会被当作灵龟的化身，而夏族的一支——涂山氏认为蛇是自己的祖先。后玄武被道教奉为神明，有了龟蛇合体的说法。

东方青龙、西方白虎、南方朱雀、北方玄武这四象的观念在两汉时期非常流行。《礼记·曲礼上》曰：

> "行，前朱鸟（雀）而后玄武，左青龙而右白虎，招摇在上。"

《十三经注疏》论及其作用时说：

> "如鸟之翔，如蛇之毒，龙腾虎奋，无能敌此四物。"

可见其作用之大。因此《三辅黄图》说：

> "苍龙、白虎、朱雀、玄武，天之四灵，以正四方。"

两汉时期建筑用的瓦当，多有四象的图案，可见四象在当时有多么流行。

汉代瓦当　→
上的四象图案

午·捌

汉代纬书《尚书纬·考灵曜》云：

"二十八宿，天元气，万物之精也。故东方角、亢、氐、房、心、尾、箕七宿，其形如龙，曰'左青龙'。南方井、鬼、柳、星、张、翼、轸七宿，其形如鹑鸟，曰'前朱雀'。西方奎、娄、胃、昴、毕、觜、参七宿，其形如虎，曰'右白虎'。北方斗、牛、女、虚、危、室、壁七宿，其形如龟蛇，曰'后玄武'。"

这是对四象与二十八宿关系的简洁明了的解释。

20 世纪 30 年代，天文学家高鲁著有《星象统笺》。他依据《天官书》和"石氏星经"的描述，想象创作了四象的图案，形象生动，与二十八宿搭配恰当，在社会上颇有流传。

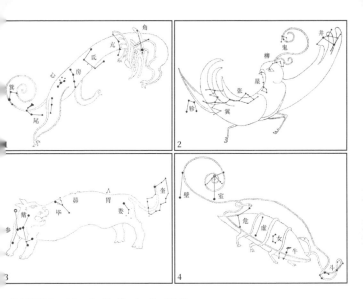

1. 东方苍龙之象，含角、亢、氐、房、心、尾、箕七宿

2. 南方朱雀之象，含井、鬼、柳、星、张、翼、轸七宿

3. 西方白虎之象，含奎、娄、胃、昴、毕、觜、参七宿

4. 北方玄武之象，含斗、牛、女、虚、危、室、壁七宿

↑

高鲁《星象统笺》（1933）
中绘制的四象图

未一 天地宇宙的结构与二十四节气影长

早期宇宙模型

北京大学藏秦代简牍中有《鲁久次问数于陈起》篇，以鲁久次与陈起问答的形式，论述了数学的作用和意义，指出天地四时、日月星辰、五音六律，都用到"数"，体现了"万物皆数"的思想。其中构造了地方三重、天圆三重的宇宙模型，方圆依次内接外切，构成的三个圆的半径为 r=5，$\sqrt{2}r \approx 7$，2r=10。（陈镱文、曲安京，2017）

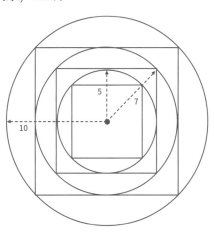

↑

据秦简《鲁久次问数于陈起》
绘制的三重宇宙模型图

未·壹

陈起的这种三方三圆的宇宙模型，其方圆的大小体现了"圆出于方，方出于圆"的思想，可以与《周髀算经》中盖天说的七衡六间宇宙模型图相比较，都是描述天地宇宙大小的构造。

《周髀算经》中的盖天说

　　盖天说是中国古代最古老的宇宙学说之一。"天似穹庐，笼盖四野，天苍苍，野茫茫，风吹草低见牛羊。"盖天说的出现大概与这种天在上、地在下、天盖地的感觉相关。盖天说大约出现在商周之际，当时有"天圆如张盖，地方如棋局"的说法。这种"天圆地方"的盖天说在解释天文现象方面还不太成熟，而且还有明显的自相矛盾之处。比如《大戴礼记·曾子·天圆》就记述了孔子的弟子曾子对盖天说的批评：

　　"单居离问曾子曰：天圆而地方，诚有之乎？曾子曰：如诚天圆而地方，则是四角之不掩也。"

到了汉代，盖天说形成了较为成熟的理论，西汉中期成书的《周髀算经》是盖天说的代表作，认为"天象盖笠，地法覆盘"，即：天地都是圆拱形状，互相平行，相距8万里，天总在地之上。《周髀算经》中提出了盖天说的"七衡六间模型"，即认为太阳在一年四季中

居《周髀算经》　↓
会制的"七衡六间"
宇宙模型
天·贰

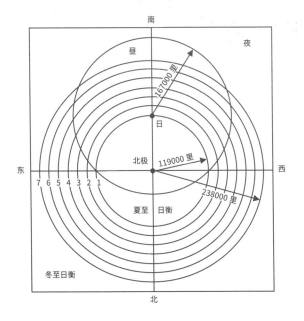

是在离北极不同距离的"衡"上绕极做周日运转，夏至在最内衡，其径为 11.9 万里，春秋分在中衡，其径为 17.85 万里，冬至在最外衡，其径为 23.8 万里。太阳在七衡六间之循环往复，就造成了一年中节气的变化。

《周髀算经》构造这一宇宙模型的观测依据就是圭表测影。根据天地平行、八尺表日中影长"千里差一寸"的原理，以及冬夏至影长数据，便可推算出天高八万里、七衡六间的大小。这个盖天说模型大体上还是比较成功的，它解释了四季变化、昼夜变化、日出方位变化等天文现象。但是由于天地平行、"千里差一寸"的原理本身不符合实际情况，因此《周髀算经》的宇宙模型的构造性特点就十分明显，而且构造时为了顾及解释天象的需求，不得不假设、调整数据，出现了顾此失彼的情况。其中给出的二十四节气影长，明显不是实际测量，而是按照七衡六间的模型计算出来的，因而其随节气的变化是线性的。

浑天说的宇宙模型

浑天说可能始于战国时期。屈原《天问》：

> "圜则九重，孰营度之？"

这里的"圜"有的注家认为就是天球的意思。西汉汉武帝时进行太初改历，在此过程中，有来自阆中的巴人——天文学家落下闳提出"于地中转浑天"，由此可见浑天说已经受到了重视。西汉末年的扬雄在《法言·重黎》里则说：

> "或问浑天。曰：落下闳营之，鲜于妄人度之，耿中丞象之。"

这里的"浑天"已经具有天文仪器（浑仪）、测量和演示（浑象）之义。东汉时期，天文学家张衡则著《浑天仪图注》，这是阐述"浑天说"的代表作。

《浑天仪图注》说：

> 浑天如鸡子。天体圆如弹丸，地如鸡子中黄，孤居于天内，天大而地小。天表里有水，天之包地，犹壳之裹黄。天地各乘气而立，载水而浮。周天三百六十五度又四分度之一，又中分之，则半一百八十二度

八分度之五覆地上，半绕地下，故二十八宿半见半隐。其两端谓之南北极。北极乃天之中也，在正北，出地上三十六度。然则北极上规径七十二度，常见不隐。南极天地之中也，在正南，入地三十六度。南规七十二度常伏不见。两极相去一百八十二度强半。天转如车毂之运也，周旋无端，其形浑浑，故曰浑天。

在描述天体运动方面，浑天说比盖天说明显地更进了一步，提出了相当于现代天文学中的"天球"概念。二十四节气的影长，就不像《周髀算经》中所记载的那样随二十四节气呈线性变化，而是呈现出非线性变化，与太阳实际运动的情况相符。

二十四节气影长的测量与构造

太初历把二十四节气纳入历法计算，给出了二十四节气太阳所在的宿度，但是没有给出二十四节气的圭表影长。对从现存两汉时期文献中找出的二十四节气圭表影长进行分析，可以发现二十四节气的圭表影长数据特征在两汉之际发生了一次质的变化，正是反映天文宇宙学说从盖天说到浑天说的转变。

→

汉代文献所载二十四节气影长数值表

（单位：寸）

卡·叁

节气	《周髀算经》	《易纬》	《续汉书·律历志》	理论值
冬至	135.00	130.0	130.0	127.58
小寒	125.05	120.4	123.0	124.15
大寒	115.14	110.8	110.0	114.41
立春	105.23	101.6	96.0	100.01
雨水	95.32	91.6	79.5	84.52
惊蛰	85.41	82.0	65.0	68.86
春分	75.50	72.4	52.5	54.00
清明	65.55	62.8	41.5	42.29
谷雨	55.64	53.6	32.0	32.00
立夏	45.73	43.6	25.2	24.36
小满	35.82	34.0	19.8	19.11
芒种	25.91	24.4	16.8	15.87
夏至	16.00	14.8	15.0	14.82
小暑	25.91	24.4	17.0	15.87
大暑	35.82	34.0	20.0	19.14
立秋	45.73	43.6	25.5	24.51
处暑	55.64	53.2	33.3	31.82
白露	65.55	62.8	43.5	41.68
秋分	75.50	72.4	55.0	54.30
寒露	85.41	82.0	68.5	68.62
霜降	95.32	91.6	84.0	84.66
立冬	105.23	101.2	100.0	100.47
小雪	115.14	110.8	114.0	114.13
大雪	125.05	120.4	125.6	124.06

两汉时期给出全部二十四节气圭表影长的文献有《周髀算经》《易纬》和《续汉书·律历志》。《周髀算经》是盖天说的代表作，用"七衡六间"描述太阳去极的变化，从而说明二十四节气的变化。按照盖天说的模型，二十四节气的圭表影长应该是按二十四节气的日期作线性的回归变化，即从夏至最短影长线性增加到冬至最长影长，再从冬至最长影长线性减少到夏至最短影长。《周髀算经》中给出的影长数据正好符合这个特征。由此可见，其影长数据并不是实测，而是根据盖天说模型推算的结果。《易纬》是西汉时期的一部"纬书"，就是对《易经》进行研究或根据周易进行研究的书，书中也载有二十四节气的圭表影长，其数据特征与《周髀算经》所记的影长数据一致，可见也是按照盖天说的"七衡六间"模型构造的。

把后汉四分历中记载的二十四节气圭表影长与《周髀算经》记载的二十四节气影长进行比较，可以发现二者具有完全不同的特征，后者随二十四节气变化呈线性变化，符合盖天说的宇

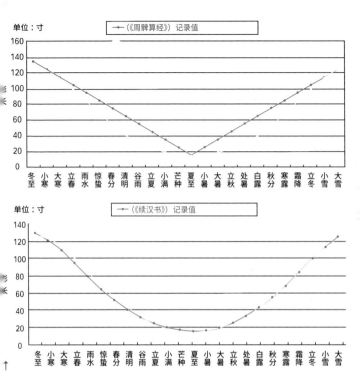

盖天说和浑天说宇宙论模型中
二十四节气影长数据的比较分析

末·肆

宙模型，前者则是根据实测，符合浑天说的模型。按照浑天说的天球模型，太阳沿黄道运行，一回归年走一圈，其赤纬的变化是按黄经（对应到二十四节气）呈余弦曲线的（见上图）。因此《续汉书·律历志》中的影长数据，显然是浑天家确定的数据（黎耕、孙小淳，2009）。

浑盖之争

自西汉以来，关于浑天说与盖天说孰优孰劣的争论一直没有停歇。扬雄和桓谭曾经就此问题展开争论。起初扬雄持盖天说，并绘制星图以解释盖天说，而桓谭则坚持浑天说。但是桓谭最终说服扬雄放弃了盖天说的主张，接受了浑天说。扬雄随后写出了《难盖天八事》，指出盖天说难以解释的八大难题。

《隋书·天文志》对此做了记述，其中第二条是关于春秋分时的太阳出入方位和昼夜长度：

> 其二曰："春秋分之日正出在卯，入在酉，而昼漏五十刻。即天盖转，夜当倍昼。今夜亦五十刻，何也？"

春秋分日出正东卯方、日落正西酉方，而且昼夜平分，这些都是观测事实。但是按照盖天说的模型，地中在"极下"南，这样太阳绕极转动走过卯酉之南的时间（昼漏刻）就要大大短于走过卯酉之北的时间（夜漏刻），前者只有后者的一半，显然与春秋分昼夜等长的事实矛盾。这一点，其实也是桓谭与王充辩论时所主张的观点。王充善辩，但在宇宙论上，他支持盖天说，也经不起桓谭的批判。《晋书·天文志》记载和解释得更详细：

> 故桓君山（即桓谭）曰：春分日出卯入酉，此乃人之卯酉。天之卯酉，常值斗极为天中。今视之乃在北，不正在人上。而春秋分时，日出入乃斗极之南。若如磨右转，则北方道远而南方道近，昼夜漏刻之数不应等也。

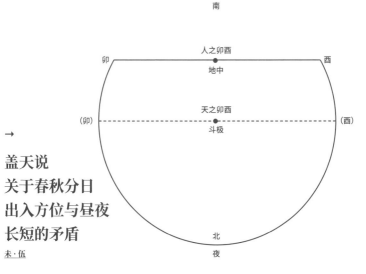

→

**盖天说
关于春秋分日
出入方位与昼夜
长短的矛盾**

未·伍

桓谭还指出，依盖天模型，入夜是太阳向右转向北远去而渐渐消失，那太阳还有一半可见时，当是"竖破镜之状"，可是人看到的却是浑天说正确解释的"横破镜之状"。桓谭、扬雄对盖天说的批判，切中盖天说的要害，对盖天说是一次沉重的打击，是汉代天文宇宙论从盖天说转向浑天说的重要标志。从此以后，浑天说取得了主导地位。而圭表的二十四节气影长的结构性变化，也反映了两汉之际宇宙说从盖天说到浑天说的转变（孙小淳，2024）。

申 —————————— 冬至的测定

在天文学中，二十四节气既是空间概念，又是时间概念。

作为空间概念，就是把黄道分为二十四等份，太阳运行到某个节点，就到了某个节气。由于地球绕太阳公转的轨道是椭圆的，因此在地球上的观察者看来，太阳沿黄道的运动速度不是均匀的，在近地点时稍快，在远地点稍慢，造成太阳经过二十四个节点区间的时长稍有不同，也就是说，作为时间概念，二十四节气的长度也稍有不同。不过这种差异很小，所以人们通常也注意不到。

冬至是二十四节气中的首个节气，因为在中国古代天文历法计算中冬至被用作起算点，所以测定冬至的时刻和冬至在星空的位置就格外重要。

冬至的位置

先说冬至点在星空的位置。中国古代以

二十八宿建立恒星天的坐标体系，谈到冬至点的位置就是指冬至点在二十八宿中的位置。春秋战国时，冬至点在牵牛（牛宿）初度，因此天文学家常用"牵牛初"代指冬至点。但是，冬至点在星空的位置不是不变的，而是由于岁差的作用而沿着黄道不断西退，约 77 年西退1°。所谓岁差就是因太阳、月亮和行星对地球赤道突出部分的摄引，使地球自转轴的方向不断发生微小变化，从而使冬至点在恒星间的位置逐年西移，每年的移动值叫作岁差。汉代天文学家虽然还没有发现岁差原理，但已经注意到冬至点在二十八宿间的位置变化。

西汉末年的刘歆发现冬至点位置与一直以来都认为的牵牛初度并不符合，他感到很困惑，但又说不出什么道理，时而说冬至在"牵牛初"，时而又说冬至"进退于牵牛之前四度五分"。到了东汉末年，刘洪才清楚地指出"冬至日在斗二十一度"（《晋书·律历志》）。到了东晋，天文学家虞喜创造性地提出"岁差"的概念，指出"天为天，岁为岁"，意思是经过一年之后，太阳是从冬至点回到了冬至点，但此时的冬至点所在位置已经不是一年前冬至点所在位置，在星空中西移了一点。虞喜比较古今观测数据，推算出岁差值为 50 年差 1°，虽然比实际值大，但已经是非常了不起的发现了。

将岁差考虑在内，冬至点在二十八宿间的位置就容易推定了。

冬至的时刻

再说冬至时刻的确定。我们知道，冬至时太阳从东面最南端的地平线上升起，因此观测日出方位可以定冬至。但由于日出方位不容易测准，而且日出方位随年代的变化是与黄赤交角的变化相关的，非常缓慢，所以用这种方法测定冬至时刻不太准确。圭表发明以后，中国古代天文学家就采用圭表测影来测定冬至时刻。

理论上来说，冬至日正午表影最长。

　　但事情没有那么简单，存在两个技术性问题：一是很难碰上冬至正好在某日正午的机会；二是由于冬至前后，表影的变化是极慢的，而测影的精度还不足以区分这种极小的变化，因此，找到影长极长的那一时刻实际上是相当困难的。我们看历史上测定的冬至时刻，在汉代以前，误差差不多都在三四日以上。太初历测定的冬至时刻比较准，只差 24 刻（一天 100 刻），但这在很大程度上是巧合。在南北朝天文学家祖冲之（429—500）、何承天之前，测定的冬至时刻与实际相差基本上是 2—3 日。从他们开始，冬至点时刻的测定就比较准了，基本上控制在 50 刻以内，元代的郭守敬则奇迹般地把冬至点时刻定得与实际时刻一刻不差。

祖冲之的妙法

　　取得这样的进步，还是靠圭表测影。但测

定的方法是祖冲之提出的一种具有比较严格的数学意义的测定冬至时刻的方法，就是在冬至前后 20 日左右连续测量正午的表影，选择三个日子表影长度，第一个日子的影长比第二个日子的影长短，但又比第三个日子（取第二个日子的次日）的影长长，这样就可以推算冬至的日期和时刻。根据《宋书·历志》记载，祖冲之讲述了他测定大明五年（461）十一月冬至时刻的方法，原文译出如下：

十月十日影长 10.7750 尺

十一月二十五日影长 10.8175 尺

十一月二十六日影长 10.7508 尺

冬至应在十月十日和十一月二十五日正中间的那一天，即十一月三日

求冬至时刻在早晚什么时候

一日差率＝ 10.8175 － 10.7508

　　　　＝ 0.0667

法＝ 0.0667×2 ＝ 0.1334

实＝（10.8175-10.7750）×100 刻

　＝ 0.0425×100 ＝ 4.25 刻

冬至时刻＝实／法＝ 4.25/0.1334

　　祖冲之的方法需要有两个前提假设：一是冬至前和冬至后影长变化的情况是对称的；二是日中影长的变化在一天之内是均匀的。这两个假设严格来说都有误差，但由于在祖冲之时代，太阳近地点离冬至点不太远，只差 13.5°，因此第一个假设近似成立。设想日中影长在一天之内的变化，本来就极慢，因而可以看作是均匀的。这样，我们就可以用严格的数学方法推导出上述祖冲之的计算公式。

　　如图，设 A 为十月十日正午，B 为十一月二十五日，C 为十一月二十六日，a、b、c

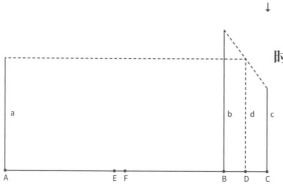

↓ 祖冲之
确定冬至
时刻的计算
示意图

申·页

分别为这三日的日中影长。因为 A 点的影长 a 比 B 点的影长 b 短，可是比 C 点的影长 c 长，所以 B 点和 C 点之间可找到 D 点，其"日中影长" d 与 a 相等。这样 A 点和 D 点的中点 F 就是冬至时刻所在，而 A 点与 B 点中点 E 是十一月三日子夜。现在求 F 点的时刻 EF：

由图可知, $2EF = BD$,

$$BD = \frac{b-a}{b-c} \times 100 \text{ 刻,}$$

$$EF = \frac{(b-a) \times 100}{(b-c) \times 2} \text{ 刻。}$$

这正是祖冲之给出的公式。

祖冲之以后一直使用这个方法来定冬至时刻，采用一组观测来定出冬至时刻。到了北宋时期，姚舜辅在修纪元历时采用一年多组观测，然后求出平均的冬至时刻，这样求出的冬至时刻就更加可靠。此后冬至时刻的测定也更加精密。

冬至时刻测定得越准，回归年的长度也就定得越加精密。到了南宋时期，杨忠辅《统天历》定的回归年数值为 365.2425 日。这与现今国际通用公历（格里高利历）的一年的长度完全一样，但《统天历》的提出比格里高利历早了约三个半世纪。

郭守敬的创举

元朝的郭守敬把圭表测影的工作摆到制定天文历法工作的首位，后人评说"守敬治历，首重测日"。郭守敬等撰"授时历议"，论述的第一个问题是"验气"，就是测定二十四节气。为提高测影的精度，郭守敬创制了四丈高表，这样从理论上来讲，可以把影长观测精度提高 4 倍。

但是，如果我们测量实际影长，就会发现表影非常模糊，表越高，表影就越模糊，很难精确测量。

为解决因日光漫射而导致的"表高则影虚而淡"的问题，郭守敬发明了一种观测表影的辅助仪器——景符。郭守敬的景符，是一片薄

↑
立于河南登封观星台的
由郭守敬创制的四丈高表

司建文 / 摄影

申·叁

的铜片，中央有一小孔。铜片安装在一个架子上。铜片的一头可以斜撑起来，角度可以自由调节。把架子放在圭面上前后移动，当太阳、高表上端的横梁、小孔三者成一直线时，在圭面上可看到一个米粒大的太阳像，中间还有一条细而清晰的梁影。在梁影平分太阳像时，得到的是日面中心照射表端而成的影长。这是对光学上小孔成像原理的绝妙运用，解决了影

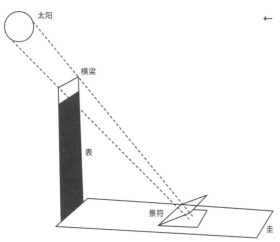

虚不能精确测量影长的困难，大大提高了观测
精度。景符使高表横梁所投虚影成为精确实像，
清晰地投射在圭面上，达到了人类测影史上的
最高精度。

《元史》"授时历议"中记载了郭守敬等人
从至元十四年到至元十六年（1277—1279）的
98 次测影结果，以及冬至、夏至时刻的推求
方法。由此得到的冬、夏至测定值的平均误差
约在 0.1— 0.5 刻，反映郭守敬等人的观测达
到了极高的精度。就表影测量而言，郭守敬用
四丈高表的冬至影长测量，误差在 4 厘到 1 分

6 厘，相当于八尺表的 1— 3 厘。这是用八尺表测影无法达到的精度，而这是测影定节气精度提高的关键。郭守敬在使用圭表测量定节气方面，达到了中国古代乃至世界上同时期前所未有的高峰。

酉 — "日影千里差一寸"与天文大地测量

中国古代关于圭表测影，有一个重要的观念，就是认为八尺高的表，其正午的影长随测量地点南北的移动，按"千里差一寸"的比率变化，即：每往南一千里，影短减一寸；每往北一千里，影增加一寸。这一观念在两汉时期被奉为圭臬，成为不证自明的"公理"，在关于天地大小的宇宙论的构建中成为基本假设。《周髀算经》就是根据这一观念构造了盖天说的宇宙模型（江晓原，1996）。然而，这一观念与实际测量相差甚远，魏晋南北朝时已经受到王蕃、何承天、祖暅等人的怀疑，到唐代时被李淳风、一行等彻底否定。那么，这个神秘的"日影千里差一寸"的观念究竟是怎么来的？

"千里差一寸"的观念

"日影千里差一寸"的观念何时出现，现在已经难以考定。早期记载"日影千里差一寸"的文献大多出于两汉时期，有《淮南子·天文训》、《周髀算经》、张衡《灵宪》、《尚书纬·考灵曜》、郑玄注《周礼》等。关于圭表测影，历史上有周公测影的传说，今河南登封观星台还有唐代一行（原名张遂）、南宫说所立的"周公测景台"的遗址。《周礼》作为反映古代理想官职制度的一部著作，成书于汉代，其中《周礼·地官司徒》一节说：

> "日至之影，尺有五寸，谓之地中。"汉代郑玄注曰："凡日景于地，千里而差一寸。景尺有五寸者，南戴日下万五千里也。"

郑玄的说法在汉代并不是独此一家，而是近乎公论的说法。汉代的《周髀算经》提出了完整的盖天说宇宙模型，测量包括天地大小、二十四节气影长等数据，其中"日影千里差一寸"是其构建盖天说模型的基本前提。《周髀算经》说：

周髀长八尺，夏至之日晷一尺六寸。髀者股也。正晷者，句也。正南千里，句一尺五寸；正北千里，句一尺七寸。日益南，晷益长。

《周髀算经》这里说的"正南千里，句一尺五寸。正北千里，句一尺七寸"虽然只是相对于"地中"的一个特例，但从它构造盖天说模型对圭影数据的使用来看，显然是把这个影长变化率当成了一个普遍的定理，因此《周髀算经》说："法曰：周髀长八尺，句之损益寸千里。"不过，《周髀算经》中的夏至影长为一尺六寸，与《周礼》记载的一尺五寸不同，说明当时存在着不同的影长数据系统。

西汉末年流行的谶纬之学，常常是借经说事，产生了许多解释"经书"的"纬书"，其中不乏关于天地日月大小、二十四节气等天文学内容。《易纬·通卦验》就载有完整的二十四节气影长数值，其中冬至晷影长一丈三尺，夏至晷影长为一尺四寸八分，与《周礼》又稍有不同。刘向《洪范五行论》则说"夏至景长一尺五寸八分，冬至一丈三尺一寸四分，春秋二分，景七尺三寸六分"，表明数据来源又有不同。这种情况说明，两汉时期，影长问题是当时学者们十分关注的问题。这大概与当时宇宙论的盖天、浑天之争有关（见第八章）。

不管影长数据有什么不同，"日影千里差一寸"却是普遍的看法。《尚书纬·考灵曜》说：

> "日影于地千里而差一寸。"

就连主张浑天说的张衡在其《灵宪》里也说：

> "悬天之景，薄地之义，皆移千里差一寸得之。"

可见，日影千里差一寸在两汉时期可以说是论天地者们的共识。所以《隋书·天文志上》说：

> "又《考灵曜》、《周髀》、张衡《灵宪》及郑玄注《周官》，并云：'日影于地，千里而差一寸。"

"日影千里差一寸"这一说法的来源是千古之谜。有人试图从影长的实际测量来解释，认为古人可能是根据短距离的测影经验数据，推广到千里的范围，而天地平行的宇宙结构保证了"日影千里差一寸"的普遍适用。这一推测固然有其可能，但是我们无从知道究竟是什么样的小范围测量。还有人认为，"日影千里差一寸"可能来自史前的晷影测量，北端的测量地是陶寺遗址，南端的测量地是王城岗遗址。这两个遗址分别是代表了"尧都平阳"和"禹都阳城"，推算这两地的影长，相差一寸，而两地距离近一千里，因此猜测这大概就是日影千里差一寸的来源。但是平阳、阳城相距虽然是近千里，但是根本不在南北方向上，而是从东南到西北方向，以此作"日影千里差一寸"的推论，显然不能令人信服。可见，从圭表影长的实际测量来解释"日影千里差一寸"显然是行不通的。

以管测天与"千里差一寸"

《庄子·秋水》中记魏公子牟说用公孙龙的方式理解庄子：

> "是直用管窥天，用锥指地也，不亦小乎！"

《汉书·东方朔传》：

"语曰'以管窥天，以蠡测海，以莛撞钟'，
岂能通其条贯，考其文理，发其音声哉！"

这些都是对"以管窥天"的嘲讽。既然成为嘲讽的对象，大概也是有其事吧。事实上，中国古代的天文观测，还真有"以管窥天"的办法，不过观测的对象是太阳罢了。正是这个"以管测日"，隐藏着"日影千里差一寸"的线索。

如前提及，《周髀算经》在构造盖天说宇宙模型时，"日影千里差一寸"是其核心假设。这个假设可以从"天地平行"假说推得，但还需另一个条件：天高八万里。也就是说，天地平行、天高八万里、八尺圭表日影千里差一寸是三个相互依存的自洽系统，缺一不可。三者究竟如何互为因果关系，仅分析这三个假设是得不出结论的。但是，《周髀算经》提到了另一个重要的观测：

"即取竹，空径一寸，长八尺，捕影而视
之，空正掩日，而日应空之孔。"

就是用长 8 尺、径 1 寸的窥管观察太阳，太阳圆面正好与窥管口径圆面相合。我们知道，太阳的视角直径约为 31′51″，长 8 尺、径 1

寸的窥管的口径圆面角直径为 **42′58″**，后者比前者要大一些，但考虑到肉眼观测太阳时有"光肥影瘦"的现象，造成太阳视直径比实际值大，因此这样的差异也在可接受的范围内。

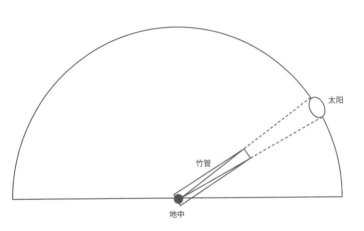

太阳

竹管

地中

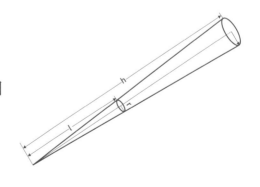

→

以窥管观测太阳示意图

为管长 8 尺，2r 为管径 1 寸。据此可算出日面角直径

西·壹

这一观测才是"日影千里差一寸"的真正由来。两汉时期，认为太阳的直径为 1000 里的说法是相当普遍的。班固《白虎通》曰："日月径千里。"王充《论衡·谈天》就提到"日刺径千里"。成书于唐代的《开元占经》引"石氏"也提到："晖径千里，周三千里。"用长 8 尺、径 1 寸的窥管测太阳，太阳径 1000 里，管中影宽 1 寸，按比例关系就可推得天高八万里。立表测量表影，八尺表在地上南北移动 1000 里，平移对应到天上，相当于日径 1000 里，而对应的日影，按比例只是平移了一管之径的长度，即 1 寸。这就是所谓的"日影千里差一寸"！

《周髀算经》中谈到日径时还提到"日暑径千二百五十里"的说法，后来的注释者大都认为"暑"是衍文。其实当我们意识到上述"以管测日"时，这个"暑"字还必须有，正好为"以管测日"提供了旁证。根据《周髀算经》，这是"候句六尺"即等候其影长为 6 尺时斜视太阳而看到的日径。此时，

太阳径千里

1寸

窥管　　　8尺

→

管窥太阳

日径千里对应

于管径一寸

"从髀（即表）至日下六万里而髀无影，从此以上至日，则八万里。若求邪至日者，以日下为句，日高为股。句、股各自乘，并而开方除之，得邪至日，从髀所旁至日所十万里"。

观测者离太阳 10 万里，这时用 8 尺管看太阳，太阳面还是正好与管口径相合，这就必须要求太阳直径是：(10/8)×1000=1250 里。但当时普遍认定太阳的直径是不变的 1000 里，所以《周髀算经》不得不说"日晷径千二百五十里"，意思是斜看时太阳的直径是 1250 里。

"以管测日"，还体现在浑天家用以天文观测的典型仪器浑仪中。浑仪是由汉太初改历时落下闳发明，后经鲜于妄人、耿寿昌等人改进完善。浑仪上有一窥管，又叫窥衡，可以对准天空任何方向，以观测天体。关于汉代浑仪的形制，已无从考证。形制可考的最早的浑仪是前赵孔挺于光初六年（323）制造的浑仪，而且被认为是"古之浑仪之法者也"。据《隋书·天文志上》记载，孔挺浑仪"内径八尺，周二丈四尺""其双轴之间，则置衡，长八尺，

↑

浑仪，其中四游仪安装有窥管，
用以瞄准日月星

-050/ 摄影

通中有孔，圆径一寸"。这正好与《周髀算经》中提及的用以窥日的窥管大小一致。这也说明，用八尺表来测日影和以八尺长的窥管测太阳两者是有关联的。

后世的浑仪在形制上有所变化，但大体上还是保持了窥衡口径与日径相当。例如，唐代一行、梁令瓒黄道游仪，其中"玉衡望筒，长四尺五寸八分，孔径六分"，并且专门指出，"孔径一度半（古尺四分为度），周日轮也"。这也表明，窥衡的口径就是比照太阳视直径设定的，口径角直径比长八尺、管径一寸的窥管还要大一些，为45′2″。再如宋代韩显符制造的韩显符铜浑仪，其窥管"长四尺八寸，广一寸二分，厚四分"，算起来口径为4分，口径角直径为28′38″，比太阳视角直径稍小。

如此看来，"日影千里差一寸"的观念就是来自管窥太阳的简单观测，根本不涉及千里之外的表影测量。

"千里差一寸"与天地构造

《周髀算经》根据"日影千里差一寸"构造的天地宇宙结构模型大体上是这样的：

1 天地平行，天高八万里。极下到周地（地中）为103000里，周地到夏至日下16000里，周地到冬至日下135000里。

2 太阳在"七衡六间"之间绕北极运转。

夏至太阳处在最内衡，其半径为103000＋16000＝119000里；冬至太阳处在最外衡，其半径为103000＋135000＝238000里。

3　日光所照范围半径为167000里。宇宙所及的最大范围的半径即外衡半径加上日照半径，即238000＋167000＝405000里，直径为81万里。这个数字也符合"黄钟之数"，是汉代天文历算家们十分看重的数字。

两汉以来的浑盖之争，使得《周髀算经》所构造的宇宙模型自相矛盾，显然落于浑天说下风。但是浑天家在涉及天地大小时，似乎还没有完全脱离盖天说的影响。勾股测天，以及"日影千里差一寸"的观念，还继续被浑天家用来推算天地宇宙的大小。

东汉的张衡主张浑天说，但是当涉及天地的大小时，张衡还是说"将覆其数，用重钩股"，即用勾股术测天高。张衡在《灵宪》中还说：

"悬象著明，莫大于日月，其径当天

七百三十六分之一，地广二百四十二分之一。"又说："八极之维，径二亿三万二千三百里。"

照这个数据，可以算出日月径约为 992 里，与"日径千里"相差不多。

三国时期吴国的王蕃（227—266）讨论浑天说，也是根据《周髀算经》的勾股测天之术来确定浑天说周天的大小。其文《浑仪图记》曰：

以句股法言之，旁万五千里，句也；立八万里，股也；从日邪射阳城，弦也。以句股求弦法入之，得八万一千三百九十四里三十步五尺三寸六分，天径之半，而地上去天之数也。倍之，得十六万二千七百八十八里六十一步四尺七寸二分，天径之数也。以周率乘之，径率约之，得五十一万三千六百八十七里六十八步一尺八寸二分，周天之数也。

王蕃显然是依盖天说，按夏至影长推得太阳离观测者为八万一千三百九十四里三十步五尺三寸六分，并以此作为浑天的"天径之半"，即"天高"。这样王蕃就把"天高"和"日高"做了区分。浑天说认为大地为圆形平面，天是笼罩在大地上的球形。天高即浑天的半径，就是上面确定的数值，是不变的。而"日高"则是太阳在大地平面以上的高度，在夏至时最高，为八万里。

→

按夏至影长推天高 （天径之半）

酉·肆

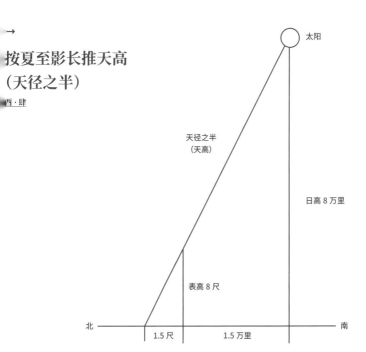

太阳

天径之半
（天高）

日高 8 万里

表高 8 尺

北 ——— 南

1.5 尺　　1.5 万里

南北朝时期梁朝的祖暅就用这样的勾股测影数据计算浑天说模型下的冬至、春分日高以及相应的南戴日下去地中数。其算法如《隋书·天文志》所载是这样的：

　　辄因王蕃天高数，以求冬至、春分日高及南戴日下去地中数。法，令表高八尺与冬至影长一丈三尺，各自乘，并而开方除之为法。天高乘表高为实，实如法，得四万二千六百五十八里有奇，即冬至日高也。以天高乘冬至影长为实，实如法，得六万九千三百二十里有奇，即冬至南戴日下去地中数也。求春秋分数法，令表高及春秋分影长五尺三寸九分，各自乘，并而开方除之为法。因冬至日高实，而以法除之，得六万七千五百二十有奇，即春秋分日高也。以天高乘春秋分影长为实，实如法而一，得四万五千四百七十九里有奇，即春秋分南戴日下去地中数也。

　　以求冬至日高及日下离开地中的距离为例解读上面的文字如下：

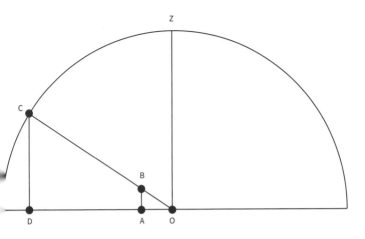

↑

**按祖暅法
推算冬至日
高示意图**
酉·伍

如图, O 为地中, AB 为立于地中八尺表,
AO 为冬至影长。C 为冬至太阳所在, D 为
冬至日下, 即"南戴日下", CD 为冬至日高,
DO 为冬至日下去地中数。ZO、CO 按浑天
说为天高 (天径之半)。利用三角形 OBA
与三角形 OCD 相似的原理, 得：

$$\frac{AB}{BO} = \frac{DC}{CO}$$

$$\frac{AO}{DO} = \frac{BO}{CO}$$

$$BO = \sqrt{AB^2 + AO^2} = \sqrt{8^2 + 13^2} = 15.2643 \text{ 尺}$$

$$DC = \frac{AB \times CO}{BO} = \frac{8 \times 81394}{15.2643} = 42658 \text{ 里}$$

$$DO = \frac{AO \times CO}{BO} = \frac{13 \times 81394}{15.2643} = 69320 \text{ 里}$$

祖暅的算法非常有趣，把勾股测影运用到浑天说来求冬至和春秋分日高及"日下去地中数"，当然也可推广到其他节气。天高（天径之半）采用王蕃根据夏至测影确定的 81394 里有奇，相当于天球的半径。祖暅的算法相当于根据不同节气测影的勾股，以股弦比（相当于太阳仰角的正弦）求日高，以勾弦比（相当于太阳仰角的余弦）求"日下去地中数"。需要注意的是，祖暅所采用的春秋分影长为五尺三寸九分，已经不是《周髀算经》依盖天说模型推算的七尺五寸五分了，显然是依据实测。

这是一个奇怪的组合算法：一方面用夏至影长，并按"千里差一寸"求得"天高"；另一方面按新测二十四节气影长，依浑天家的天球模型求得各节气日高和日下去地中数。按冬至时影长为丈三尺，但求得的"冬至南戴日下去地中数"为 69320 里有奇，只有按"日影千里差一寸"求得的 130000 里的一半多一点，"日影千里差一寸"显然不复成立。这就是浑天家在探究天地大小时遇到的困境，即一方面采用"日影千里差一寸"这一原理进行推算，另一方面其推算结果又推翻了这一原理。

勾股重差与量天测地

《周髀算经》用"日影千里差一寸"的原理确定天高，因为已经隐含了在南北相距千里的地方两次用勾股测日影，其本质就是勾股测量的重差术，所以张衡在《灵宪》中讲"日影千里差一寸"时也是说"用重钩股"（《开元占经》中引作"用重差勾股"），说明已经用到了重差术。

刘徽注《九章算术》第十卷就名为《重差》，后以《海岛算经》流传于世。《海岛算经》曰：

今有望海岛，立两表，齐高三丈，前后相

去千步，令后表与前表参相直。从前表却行一百二十三步，人目着地取望岛峰，与表末参合。从后表却行一百二十七步，人目着地取望岛峰，亦与表末参合。问岛高及去表各几何？答曰：岛高四里五十五步；去表一百二里一百五十步。术曰：以表高乘表间为实；相多为法，除之。所得加表高，即得岛高。求前表去岛远近者：以前表却行乘表间为实；相多为法。除之，得岛去表数。

这里是 3 丈表，1000 步勾长差 4 步。所以海岛高度为：

（30×1000 步）/4 ＋ 30 尺 ＝ 7530 尺 ＝ 4 里 55 步（按：1 里 ＝ 300 步，1 步 ＝ 6 尺）

而《周髀算经》是 8 尺表，1000 里影长差 1 寸。所以天高为：

（80×1000 里）/1 ＋ 8 尺（忽略 8 尺约等于 80000 里）

可见《海岛算经》用前后两表测海岛高度的方法与《周髀算经》用"千里差一寸"测日高的方法是如出一辙，用的就是"重差勾股"。

《窥望海岛之图》

出自清朝康熙年间编修《古今图书集成》

西·陆

《海岛算经》是地理测量的实例，《周髀算经》则是天文测量。两者使用重差术孰前孰后呢?因为地理测量的重差术是完全正确的，而《周髀算经》显然是为了构造天地模型，在假设天地平行的情况下使用重差术，这个假设事实上是错误的，从逻辑上来讲，显然是先有地理测量上的重差术，然后再把它运用到天文测量上，尽管这样的运用实际上是不恰当的。汉代时古人已经能够绘制非常准确的地图，1973年长沙马王堆出土的地形图、驻军图，其精度已经达到非常高的水准，如果没有勾股重差测量的方法，在那么复杂的地形中测高望远是不可想象的。汉代地图测量中肯定已经使用重差术。

　　有了重差勾股术，测高就是一个定"率"的问题。这个率一旦定下来，就是一个不变的量。上述测海岛高定的率，对于 3 丈表，就是 1000 步差 3 步。对于测天，如果假定天地平行，对于八尺表，这个率就是"千里差一寸"。《周髀算经》用的就是"千里差一寸"这个率。然而，问题恰恰在于，这个率并不是根据实测影长得到的，而是通过窥管测日确定的。

其实，《淮南子·天文训》也提到用重差测天高，不过表高是一丈，而不是八尺：

> 欲知天之高，树表高一丈，正南北相去千里，同日度其阴。北表二尺，南表尺九寸，是南千里阴短寸。

设想一下，《淮南子·天文训》是用长一丈、口径为一寸的管子窥天，则口径的视角径为 34′22″，倒是与太阳视直径 31′51″ 最接近的。因为影长还是千里差一寸，所以据此推算的天高自然应该是 10 万里，而不是《周髀算经》提出的 8 万里了。

"千里差一寸"的否定

汉代以后的浑天家们，意识到天地并不平行，所以"日影千里差一寸"无法成立。南北朝刘宋元嘉十九年（442），派人到交州测影，夏至之日，影出表南三寸二分。天文学家何承天（370—447）取阳城的观测数据，夏至影长为一尺五寸。当时判断交州离阳城为一万里，而影长差已经是一尺八寸二分，算起来六百里就差一寸了。这样何承天就首次对"日影千里差一寸"的说法提出了异议。

到了南梁大同年间（535—546），金陵（今江苏省南京市）地区测得的夏至影长为一尺一寸七分。北魏永平元年（508）在洛阳测得的夏至影长为一尺五寸八分。当时测量金陵距洛阳的南北距离，"略当千里"，而影长已差四寸，说明影长是二百五十里就差一寸了，与"千里差一寸"相差太远。所以隋代的天文学家刘焯（544—610）发出感叹："寸差千里，亦无典说，明为意断，事不可依！"他甚至提出进行大规模的天文大地测量：

取河南北平地之所，可量数百里，南北使正，审时以漏，平地以绳，随气至、分，同时度影，得其差率，里即可知。则天地无所匿其形，辰象无所逃其数。

这样的天文大地测量，到唐代开元年间才由天文学家僧一行实现。开元十二年（724）

派到交州的测量队测得夏至影长在表南三寸二分，与刘宋元嘉十九年的测量结果相同，测得阳城夏至影长为表北一尺四寸九分，当时的大地测量测得两地的直线距离还不到五千里，算起来二百七十里影长差一寸。

更为重要的是，一行等人的天文大地测量，发现南北距离根本不是随影长线性变化，而是随北极高度线性变化。他们根据在河南平原上的蔡州武津、许州扶沟、汴州浚仪、滑州白马四个地点的测量，得出如下结论：

> 大率五百二十六里二百七十步而北极差一度半，三百五十一里八十步而差一度。

这一测量实际上测得了地球子午线一度的长度，是我国科学史上的创举。唐代规定三百步为一里，五尺为一步，按唐开元尺一尺约24.7厘米换算，一行测定的地球子午线长相当于现代1度合132.03千米，和现代测量结果1度长111.2千米比较，有约21千米的误差。这对当时来说已经是非常了不起的成就。

一行的测量，从根本上否定了"千里差一寸"说法，实际上也就从根本上否定了盖天说的天地平行说，在中国天文学史上是一个里程碑式的创举。

戌 ———————— 量天尺有多长？

圭表的形制

中国古代的圭表测影，多用"八尺"表。《周髀算经》记载，

> 陈子曰："日中立杆测影，此一者，天道之数。周髀长八尺，夏至之日日晷一尺六寸。髀者，股也，正晷者，勾也，正南千里，勾一尺五寸；正北千里，勾一尺七寸，日益表南，晷日益长。"

立杆测影的方法中，立八尺之表为勾股中的"股"，表影为勾股中的"勾"。表影的长度显然是与表高相对应的。《三辅黄图》记载：

> "长安灵台，上有相风铜乌，千里风至，此乌乃动。又有铜表，高八尺，长一丈三尺，广尺二寸，题云太初四年造。"

这表明汉代天文台使用的圭表也是采用表高八尺的形制。

但是，仅从测量影长的功能来看，圭表的表高实际上可以取任何高度。这是因为圭表测影需要得到的数据是影长与表高的相对长度，不管表取多少高度，影长与表高的比例关系是

不变的。

《淮南子·天文训》中提到一种圭表，表高为一丈：

> "欲知天之高，树表高一丈，正南北相去千里，同日度其阴。北表二尺，南表尺九寸，是南千里阴短寸。"

这种表高的圭表在历史上并没有得到普遍使用。

元代郭守敬为提高圭表测影的精度，把表高增加到四丈。这虽然是一项创举，但还是在八尺表的基础上进行的改进，因为四丈是八尺的 5 倍高。

那量天尺究竟有多长呢?显然，仅靠古代文献关于表高和影长的记载，我们还无从知道量天尺的绝对长度。要知道量天尺的绝对长度，必须依据古代文献关于度量衡的记载以及量天尺的实物来考定。

话说度量衡

所谓度量衡，就是测量长度、体积和重

量。中国古代的度量衡制度是中华优秀传统文化的重要组成部分，它承担着公平、公正的使命，是国家治理和社会公正的基础。所有的测量、治水、营造、赋税、贸易、科技活动都离不开度量衡。度量衡制度的建立和完善是文明高度发展的象征。

提起度量衡，人们首先想到的是秦始皇统一中国，"车同轨、书同文，统一度量衡"。其实早在秦朝建立之前，就已经有建立度量衡标准的努力。

"度量衡"一词最早源于《尚书·舜典》：

> 虞舜巡游天下，封禅于泰山，"岁二月，东巡守，至于岱宗，柴。望秩于山川，肆觐东后。协时月正日，同律度量衡"。

这是说舜帝召集四方君长，把各部落之间历法、时辰、音律和度量衡统一起来。《尚书》虽然成书于战国至秦汉时代，但其中记录帝舜、帝尧的事迹也不是空穴来风，而是随着考古的发现，不断得到证实。所以说舜帝在中国古代最早设定和统一了度量衡。

大禹治水也建立了度量衡的标准。《史

记·夏本纪》记载：

> 禹"左准绳，右规矩"，"身为度，称以出"，"载四时以开九州，通九道，陂九泽，度九山"。

这是讲大禹用准绳、规矩所做的测量，都是"身为度"，即以身长作为长度测量的标准。

《淮南子·地形训》中记载：

> "禹乃使太章步自东极，至于西极，二亿三万三千五百里七十五步；使竖亥步自北极，至于南极，二亿三万三千五百七十五步。"

大禹大规模治理水患，必须派人到四方进行实地勘察。其中使用的"步"成为测量大地最原始的单位，而步也是以身体为标准的。

春秋时期，群雄并立，各国度量衡标准不一。其中秦国施行商鞅变法，促进了度量衡的统一。秦始皇统一六国后，李斯奏定"一法度衡石丈尺，车同轨，书同文字"，继续沿用商鞅制定的度量衡器，并以此为标准在全国范围推行。首先，秦始皇颁布诏书确定统一的度量衡，并确定了度量衡的标准；其次，他制造了

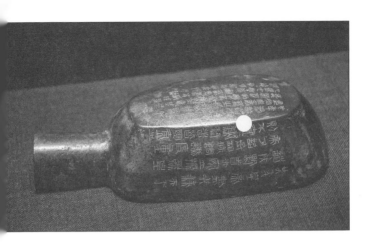

↑

陕西省礼泉县出土的
秦代瓢状青铜器"两诏铜椭量"

戈·壹

大量的标准度量衡器，并分发各地；再次，为促进新的度量衡制度的推行，秦量上均铸或刻有秦始皇诏书，有的还加刻了秦二世的诏书；最后，他建立了严格的校准制度，每年对全国度量衡器进行定期鉴定，以保证计量器具的准确和统一。

关于量器，秦量大多为椭圆、广口、瓢状、有柄，外壁大都带秦始皇二十六年（前 221）

所颁发的统一度量衡的诏书，有的还带有秦二世所颁袭用旧制的诏书。1982年，陕西省礼泉县药王洞乡南晏村出土了一件秦代体呈椭圆形的瓢状青铜器，器外壁两侧分别刻有两组相同的秦始皇二十六年诏书文，器底刻有秦二世元年（前209）诏文，这便是"两诏铜椭量"，现藏陕西历史博物馆。

"两诏铜椭量"器身所刻的秦始皇诏书共40字：

"廿六年皇帝尽并兼天下诸侯黔首大安立号为皇帝乃诏丞相状绾法度量则不壹歉疑者皆明壹之。"

意思是，始皇二十六年，皇帝兼并了各诸侯国，百姓安居乐业，立皇帝称号，诏令丞相隗状、王绾，法律、度、量、令则中有不齐、缺欠、可疑的，都必须明确地统一起来。

器底所刻的秦二世诏书全文60字：

"元年制诏丞相斯去疾法度量尽始皇帝为之皆有刻辞焉今袭号而刻辞不称始皇帝其于久远也如后嗣为之者不称成功盛德刻此

↑

"两诏铜椭量"器身所刻的
秦始皇、秦二世诏书拓印

> 诏故刻左使毋疑。"

意思是，秦二世元年，诏令左丞相李斯、右丞相冯去疾，统一度量衡是始皇帝定下的制度，我们这些后代子孙只是继续实行，不敢自称有功德。现在把这个诏书刻在左边，使大家不至于对统一度量衡的法规和标准，以及其继续执行和贯彻产生疑惑。

衡器就是用来称重量的标准器，中国古代经常权、衡并用。权是秤砣、砝码，衡是秤杆。权衡，就是比较重量，实际就是天平秤。西周青铜器刻着这样的铭文："金十寽""丝三寽""金十匀"。"寽"和"匀"则是计量单位。从这些铭文中我们可以得知，早在西周，人们就掌握了杠杆原理，制作出称量物体重量的工具"权衡"，也就是天平。

春秋中晚期，楚国已经建立了标准衡器。1954年出土于湖南长沙左家公山的衡器包括一个木质秤杆、两个铜盘和九个铜环权。木杆长27厘米，中间置丝线提钮，两端各系一铜盘。铜盘直径4厘米，为等臂衡秤式样。铜环权重量依次递增，由小到大分别为一铢、二铢、三铢、六铢、十二铢（半两）、一两、二两、四两、八两，最大的第九枚（八两）为125克。由此推断楚国的一斤（十六两）为250克。

秦朝颁行的权器，质地为铜、铁，还有陶质的，多为半球形，少数有觚棱，一般分为权身与权柄（鼻钮）两部分。照例也刻有"秦父子诏"。

→

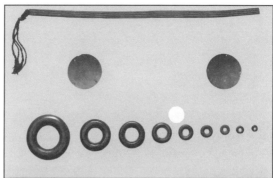

→

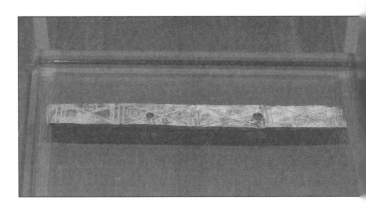

关于测量长度用的标准，也就是所谓的尺子的标准，中国古代也很早就建立了。目前见到最早的尺，有传世的商骨尺和商象牙尺，相传出土于安阳殷墟。传世商尺约合今 16—17 厘米。古代的尺多用竹木或骨料制作，所以保存下来的很少。目前见到的最早的铜尺来自东周时期，为 1931 年在河南洛阳金村古墓群被盗流出的铜尺，当年经专家鉴定为东周遗物，尺长约 23.09 厘米。

战国时期的尺子，有 1976 年出土于河北廊坊文安县小赵村的骨尺，一面略作修整，另

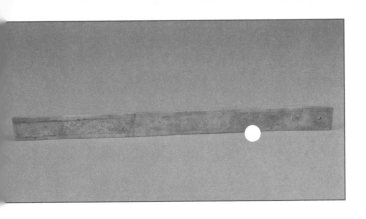

一面有刻度和纹饰。战国时期各国尺长短不一，并有大尺、小尺之别。楚尺长 22.7 厘米。秦尺小尺长 23.1 厘米，大尺长 27 厘米。

汉代骨尺中，一把东汉彩绘骨尺 1976 年 9 月出土于三门峡市卢氏县城关镇西北街村虢台庙台地一座东汉砖室墓。骨尺通长 23.2 厘米，宽 1.7 厘米，厚 0.3—0.4 厘米，重 25 克。骨尺略显弯曲，骨质牙白色，尺身一端有一个直径 0.25 厘米的穿孔。骨尺尺身上用墨色框画出十寸度数，每寸平均 2.32 厘米，同时加饰彩绘。

以自然为法：度量衡理论

　　度量衡中最基础就是"度"，即测量长度的标准，也就是尺子的标准。中国古代的长度标准首先是以人体为标准的。《说文解字》云：

　　　　"尺，十寸也。人手却十分，动脉为寸口。十寸为尺。尺，所以指尺规矩事也。从尸从乙。乙，所识也。周制，寸、尺、咫、寻、常、仞诸度量，皆以人之体为法。"又云："寸，十分也。人手却一寸，动脉谓之寸口。"

所以尺、寸本义就是人体关节部位的长度。传说大禹测量大地，就是以身为度，所以有"禹步"之说。商代的骨尺，长度在 16—17 厘米，正好是中等身高人手指一扠的长度，与"布手知尺"相合。

　　但是，这种基于人体的长度标准有很大的不确定性，因人不同，不具有普遍的公正性，因此中国古代一直试图在自然中寻找长度的标准。这就是老子《道德经》所说的

"人法地、地法天，天法道，道法自然"。人要通过法天地、法自然来建立人的道德标准，而度量衡也是这种道德标准的技术体现。

为了在自然中找到长度标准，古人进行了很多尝试。《淮南子·天文训》

"十二蔈而当一粟，十二粟而当一寸。"

《说文》：

"十发为程，十程为分。"

《孙子算经》：

"蚕吐丝为忽，十忽为秒，十秒为毫，十毫为厘，十厘为分。"

《易纬·通卦验》：

"十马尾为一分。"

种种说法，不一而足，但都是要为长度标准建立自然的基础。这是一种很先进的思想。

《汉书·律历志》提出了一种以黍为度的标准：

"以子谷秬黍（即黑黍）中者，一黍之广，度之九十分，黄钟之长。一为一分，十分为寸，十寸为尺，十尺为丈。"

但是"累黍"定度量衡本身也存在一些问

题。《隋书·律历志》曰：

> "时有水旱之差，地有肥瘠之异，取黍大
> 小，未必得中。"

于是《隋书·律历志》提出以"上党羊头山黍"为标准，认为"上党之黍，有异他乡，其色至乌，其形圆重"，以此作为标准较为理想。

度量衡研究学者丘光明等曾做过试验，用山西、北京等地所产浅黄和深褐色的黍子横排100粒，约合23厘米，与汉代一尺之长相合。因此可以确定，秦汉时期用积黍的方法求得的尺长，稳定性要比"布手知尺"高得多。这是中国古代在自然中寻找长度基准的科学探索。

中国古代还提出了用音律来定长度基准的方法。这一方法的依据是音的高低是由律管的长度确定的。这种方法与现代采用光的波长作为长度标准，有异曲同工之妙。中国古代有十二律的理论，其中第一律黄钟律管的长度为九寸。九九八十一，取八十一为黄钟之数，其他各律之数用"三分损益法"生成，即黄钟之数乘三分之二（损三分之一）下生得林钟之数，林钟之数乘三分之四（益三分之一）上生得太

簇之数，依次类推。

乐管发出的声音的高低，是由律乐本身的固有频率决定的。管子越长，频率就越低。如果用现代的音叉测定音频，那这种方法测定的律管长度无疑是非常准确的。古代只能凭乐师的听觉来判断音的高低。传说黄帝时命令伶伦作律，听凤凰之鸣以定黄钟之音，这当然是神话传说。春秋时代晋国有乐师师旷，据说是博学多才，尤精音律，善弹琴，辨音力极强，以"师旷之聪"闻名于后世。但用人耳辨音之高低，主观性太强，其实还是不可靠的。不管怎么说，中国古代用音律来定长度标准的思想，是非常先进的科学思想。

中国历代的尺长

尽管汉代以黍定长度基准的做法很客观，但黍粒大小却是有差别的。正如《隋书·律历志》所说"黍有大小之差，年有丰耗之异"，因此每个朝代的度量衡都有所不同。再加上不同行业还使用不同的尺子，包括布尺、营造尺、律尺、浑天仪尺、表尺，等等，所以古代存在多种不同长度的尺子。《隋书·律历志》考证了此前历史上的尺子，总结出了 15 种尺子。吴承洛继续考察了隋代以后的尺子，在《中国度量衡史》中列出了东周以后 40 余种尺子的长度，具体如下表。

朝代（尺）	长度	朝代（尺）	长度（尺）
周尺	25.9	陈	23.55
秦	27.65	后魏	27.81
汉嘉量	23.08864	后魏	27.9
定西新莽尺	23.1	西魏	29.51
罗泊湾汉尺	23	东魏	29.97
满城汉尺	23.2	北齐	29.97
子弹库汉尺	23.46	北周	29.51
元宝坑汉尺	23.5	北周玉尺	26.86
漓渚汉尺	24.08	北周均田尺	24.51
后汉尺一	23.04	北周铁尺	24.51
后汉尺二	23.75	隋官尺	29.51
魏	24.12	隋改尺	24.51
晋尺一	24.12	隋水尺	27.19
晋尺二	23.04	隋	23.55

中国历代
尺度
数据表

据吴承洛
《中国度量衡史》
（单位：厘米
戊·复

朝代（尺）	长度	朝代（尺）	长度（尺）
东晋	24.45	唐	31.1
前赵	24.19	五代	31.1
宋民间尺	24.51	宋	30.72
梁民间尺	24.66	元	24.525
梁法定尺	23.2	明	31.1
梁测影尺	23.55	清	32

量天尺的长度

中国古代圭表究竟有多长，这只能根据古代圭表实物来求证。目前发现的古代圭表的实物，有陶寺遗址圭表、东汉铜圭表和明代铜圭表。让我们分别考察它们的长度。

1 陶寺圭表

在距今 4500—3900 年的陶寺遗址发现的漆杆 IIM22:43，据研究应该是圭表的圭尺。漆杆发掘开始时曾被损坏，但损坏部分不超过 10 厘米。现保留下来的漆杆全长 171.8 厘米，下端保存完好，上端略有残损。漆杆被漆上黑色、石绿和粉红三色环状漆带。在漆杆约 40 厘米处，有一条粉色环带，与其他粉色环带不同，两侧都是绿色环带，而非黑绿相间，说明这一粉色环带位置特殊。专家推测这应该是圭表测量夏至表影所在。我们前文已经指出，《周髀算经》记载

"冬至日晷丈三尺五寸，夏至日晷尺六寸"，其观测地指向陶寺。这样就可以知道当时的一尺六寸相当于 40 厘米。那么，一尺就是约 25 厘米。

考古学家何驽通过测量陶寺史前观象台遗迹尺寸，再辅以陶寺遗址墓葬形制、出土的器物尺寸的分析，推定陶寺文化圭尺的尺长为 25 厘米，与陶寺圭尺的长度一致（何驽，2005）。

2 东汉铜圭表

1965 年 5 月，江苏省仪征石碑村一号木椁墓中出土了一件铜圭表。表造型别致，将圭

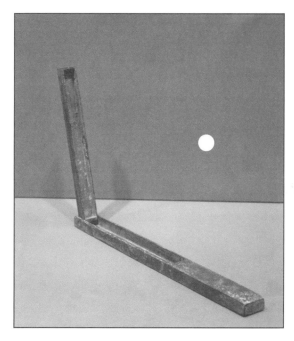

与表两部分合装一体，圭表间用枢轴连接，便于随时开启，使用时将表竖立与圭垂直形似矩尺（如上图），平时将表平放在圭体的匣内便于随身携带。圭尺长 34.5 厘米，宽 2.8 厘米，厚 1.4 厘米。表体全长 20.3 厘米，宽 2.2 厘米，厚 1.3 厘米。表立起时高出圭面 19.2 厘米，是为有效表高。可以设想，这是当时八尺圭表的袖珍形式，合理的推测应为原高的十分之一，即八寸。据此可以推算得出当时的量天尺的长度为 24 厘米。

3 明清量天尺

明代正统年间复制的铜圭表，在北京古观象台经历了两个朝代，沿用了约 500 年。"九一八"事变后，圭表和另外 6 件铜制天文仪器被当时的民国政府运至南京加以保护，陈列于南京紫金山天文台。这是我国目前仅存的一具八尺高铜制圭表。

1975 年 10 月，天文学史学者伊世同在明制量天尺的考察和测绘工作中，为擦掉圭表上的雨水，无意中发现了十几处圭面刻划痕迹。其中最清晰的一处在圭尺 9 尺 6 寸到 9 尺 8 寸附近。他在铜圭残存的明初量天尺刻线中，选择其中不易读错而又比较明显的五尺八寸和九尺八寸两处刻线予以测量，测得其间距为 981 毫米。5 尺 8 寸至 9 尺 8 寸间隔恰为 4 尺，故每尺长度为 981/4 = 245.25 毫米，即 24.525 厘米。

↑

**明仿制
郭守敬
简仪**

夏洪冰／摄影

戈·玖

　　伊世同用量天尺的这一长度去验证元、明
天文仪器的尺度，结果都吻合得非常好。实测
河南登封元观星台（郭守敬主持修建）石圭长
为3129.4厘米。据《元史·天文志》，石圭长
128尺。按明量天尺标准计算为3139.2厘米。
两者仅差0.312%。对明仿制郭守敬简仪也进
行了验证，据《元史》记载，简仪趺长、趺
宽、四游双环（径）、百刻环（径）分别为18
尺、12尺、6尺、6尺4寸。以长为24.525
厘米的明刻量天尺计算，再与明代复制的简仪

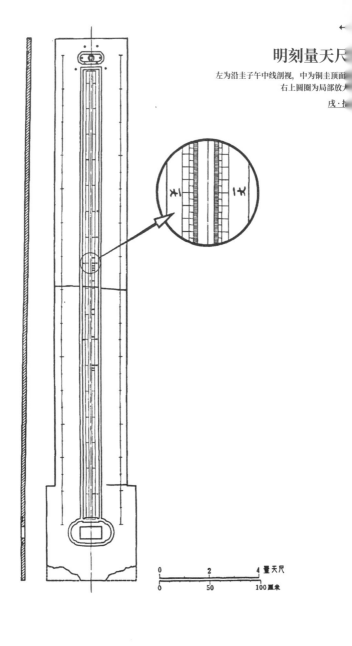

明刻量天尺

左为沿圭子午中线剖视，中为铜圭顶面
右上圆圈为局部放大

戊·圭

尺寸对比，发现两者相差也极小。这说明明制量天尺确实是按照元代郭守敬所造量天尺仿制的（伊世同，1978）。

作为历史上的度量标准原器，明刻量天尺的尺度标准相当可靠，精度也非常高，这在古尺中相当罕见。就天文用尺来说，从南北朝到清初，尺度始终未变。在长达 1300 多年的使用期间，传承误差只有约半毫米，这在中外度量衡史上都是罕见的。

考虑到陶寺圭尺和东汉圭尺的情况，中国量天尺在长达 4000 多年中一直保持在 24—25 厘米之间，这充分说明了中国天文测量用尺的长期稳定性，充分展现了中华文明的高度和连续性。

以尺量天

中国量天尺是用于天文测量的尺长标准。这个标准在长达 4000 多年的时间里没有大的变化，这本身就是一个很有意义的现象。

中国古代的天文测量中讲天体的位置是多少度，这既是角度的概念，又是长度的概念。古代观测日月五星的位置，行星与行星之间、行星与恒星之间的凌犯，月亮与行星、恒星的掩犯，彗星的高度，彗尾长度等，经常用长度表示，即几丈、几尺、几寸。据研究，这种天文学描述的一尺，相当于角距离1度。于是古人就可以以尺量天，一尺相当于1度。

为什么是这样的呢?这或许与人们观天的视觉生理有关。实验证明，人眼的明视距离为25厘米，正常的人眼在合适的照度下观看此距离处的物体时，十分舒适，最不费力。人眼远看物体时也有一种"明视距离"，约为13米。人们观天时，人的本能总是把天象想象到13米外的"明视距离"处，然后按日常经验来估测其大小（王玉民，2008）。半径为13米的圆周长为8168.16厘米，除以周天360度，得1度为22.69厘米。这个数值与量天尺长度就相当接近了。中国古代定量天尺长度为24—25厘米，或许也是这种视觉生理的表现。

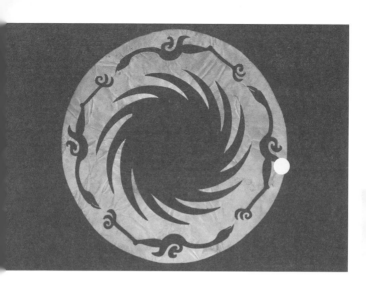

戈都金沙遗址出土的
太阳轮

直径为 12.5 厘米
戈·拾壹

　　我们再来看古代对太阳大小的估算。太阳的角直径约半度，按量天尺折合成长度约为 12 厘米。四川成都金沙遗址出土的太阳轮，其直径为 12.5 厘米，正好是量天尺的半尺，也就是半度，这很难说只是一种巧合。

　　中国量天尺，隐含着中国古代天文测量的信息，是中国古代天人关系的一个重要的见证。

亥 ——————— 古天文基本概念和名词

干支

又叫天干地支，在中国古代用于天文历法的计数及空间标示。天干有十个，叫作"十天干"或"十干"，分别是：甲、乙、丙、丁、戊、己、庚、辛、壬、癸。地支有十二个，叫作"十二地支"或"十二支"，分别是：子、丑、寅、卯、辰、巳、午、未、申、酉、戌、亥。春秋战国、秦汉时期文献中记录的天干、地支经常用一些很奇怪的名称。十干是：阏逢、旃蒙、柔兆、强圉、著雍、屠维、上章、重光、玄黓、昭阳。十二支是：困敦、赤奋若、摄提格、单阏、执徐、大荒落、敦牂、协洽、涒滩、作噩、阉茂、大渊献。例如，屈原在《离骚》开头讲到自己的生日时说：

"摄提贞于孟陬兮，惟庚寅吾以降。"

这是说他生于寅年正月庚寅。

干支的起源是比较早的。甲骨文中已经出现了完整的干支表，就是把十干和十二支配合，生成六十个干支，作为计数单位。六十干支以甲子为首，又称"六十花甲子"。甲骨卜辞中已经用干支纪日，并且有长达五百多天的日数累计结果。干支纪日法一直是我国古代历法中的重要内容。古代推算节气、朔望以及其他各种天象发生的日期，都是首先推算出它的干支数。

安阳出土的
甲骨上的干支表

出自《甲骨文合集》3798

亥·

甲子乙丑丙寅丁卯戊辰己巳庚午辛未壬申癸酉
甲戌乙亥丙子丁丑戊寅己卯庚辰辛巳壬午癸未
甲申乙酉丙戌丁亥戊子己丑庚寅辛卯壬辰癸巳
甲午乙未丙申丁酉戊戌己亥庚子辛丑壬寅癸卯
甲辰乙巳丙午丁未戊申己酉庚戌辛亥壬子癸丑
甲寅乙卯丙辰丁巳戊午己未庚申辛酉壬戌癸亥

战国时期以来有了以十二支纪月的方法。历法上以冬至所在月为子月，下个月为丑月，再下一个月为寅月，直至亥月。但同时又用序数纪月，一年的第一月叫正月，后面是二月、三月，直至十二月。这又涉及一年以哪个月为正月的问题。古代有"三正说"，即夏以寅月为正月，殷以丑月（夏历十二月）为正月，周以子月（夏历十一月）为正月。这样，一个天文现象，在不同的历法里就在不同的月份。如《左传》昭公十七年记有：

> "火出，于夏为三月，于商为四月，于周为五月。"

其实在同一个月份，只是在三种历法中的序数不一样而已。

干支也用来纪年。汉武帝时太初改历，确立用干支纪年，并规定太初元年（前104）为丁丑年。从此以后，直到今日，干支纪年成为连续不断的纪年。

中国古代还把十二支与十二种动物相配，叫"十二生肖"，又叫"十二属相"，分别是：子鼠、丑牛、寅虎、卯兔、辰龙、巳蛇、午马、未羊、申猴、酉鸡、戌狗、亥猪。其起源与动物崇拜有关，最早可追溯到先秦时期。据历史文献记载，最早与现代相同的十二生肖传世文献是东汉王充的《论衡》。

天干地支用于历法、术数、星命、择日等各方面，对中国文化的影响深远，至今还在使用。

十二次

中国古代星空划分体系之一。我国古代认为岁星（木星）十二年在星空移动一周天，因而把周天沿黄道从西向东分为十二等份，称为"十二次"，用于表示岁星每年所在的位置。

十二次的名称分别是：星纪、玄枵、娵訾、降娄、大梁、实沈、鹑首、鹑火、鹑尾、寿星、大火、析木。这些名称大抵上与星象相关。星纪，意思是计算日月五星位置的起算点，也就是冬至点所在。春秋战国时期，冬至点在牵牛初，所以星纪对应的二十八宿就在牵牛。玄枵相当于二十八宿的虚宿，就是空虚的意思，故称玄枵。娵訾又称豕韦，是从分野的对应而来。降娄的中央是春分点，也是娄宿所在，本身就是星名。大梁、实沈的名称也是来自分野。鹑首、鹑火、鹑尾，分明是一只鸟的形状，就是南方朱雀的星象。寿星相当于二十八宿的角、亢二宿，是秋分点所在。大火本是星名，即心宿二。析木，又称"析木之津"，指的是二十八宿尾、箕之间的河汉，所以又叫汉津。

十二次的名称，最早散见于战国时期的《左传》《国语》中，用来记述岁星的位置。所以一般认为，十二次起源于战国时期。这个时期对五星运动特别注意，肯定已经掌握了岁星运动的规律，出现十二次划分也在情理之中。但是，关于十二次的起源还没有定论。有人根据《国语》中所记周景王时占星家伶州鸠所说"武王伐殷，岁在鹑火"推定十二次起源于西周初年（约前1057）。也有人认为十二次系从十二辰转变而来，而且系两汉之交时刘歆所制定。这一说法和史学界一种认为刘歆为说明其岁星超辰和分野理论而篡改《左传》《国语》的说法有关，由于证据不足，并未得到公认。但是，十二次的名称，并不见于其他先秦文献，也不见于《淮南子》《史记·天官书》等西汉天文著作，直到后汉班固《汉书·律历志》，才把二十八宿配合十二次记载，这说明，虽然十二次的概念在战国时期已经出现，但其名称之系统确定，恐怕还是和刘歆有关。

十二辰

中国古代一种星空划分制度，以十二支命名。它的分法和十二次一样，但方向相反，即以玄枵为子然后由东向西，星纪是丑，析木是寅，依次类推。这种划分法和太岁纪年有关。太岁纪年则可能是从岁星纪年发展而来的。岁星纪年用十二次，太岁纪年用十二辰。岁星纪年有其不便之处，就是岁星在星空背景的移动速度其实是不均匀的，有时会发生逆行，用岁星的实际位置纪年效果并不理想。因此人们设想了一个理想的天体。这个天体的运行方向和岁星相反，从东向西，也是十二年一周天，但速度均匀。把这个天体叫作岁阴、太阴或太岁。岁星右转，太岁左行；太岁和岁星保持一定的对应关系。如岁星在星纪，太岁在寅；岁星在玄枵，太岁在卯；等等。于是可以用太岁所在辰纪年。这种纪年方法在《史记·天官书》和《淮南子·天文训》中都有记述。如《天官书》称：

> "摄提格岁，岁阴左行在寅、岁星右转居丑，正月与斗牵牛晨出东方，名曰监德……单阏岁，岁阴在卯，星居子，以二月与婺女虚危晨出，曰降入……"

奇怪的是，这里不用子、丑、寅、卯等十二支名作年名，而是对每个年名使用一个奇怪名称，对应如下：

> 寅—摄提格；卯—单阏；
>
> 辰—执徐；巳—大荒落；
>
> 午—敦牂；未—协洽；
>
> 申—涒滩；酉—作噩；
>
> 戌—阉茂；亥—大渊献；
>
> 子—困敦；丑—赤奋若。

这些名称很像是外来语的音译，所以有人认为十二支、十二辰，甚至是十二次可能是从古巴比伦的黄道十二宫而来。这一说法目前尚缺乏令人信服的证据。

十二辰与十二次、二十八宿的对应关系如下图。

十二辰、十二次与二十八宿对应图

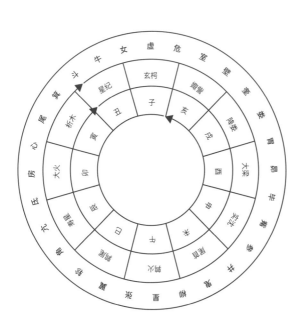

二十八宿距星和距度

中国古代在以二十八宿为参考星的天文坐标系中，从每宿中选定一颗星作为精细测量天体坐标的标准，这颗星叫作这个宿的距星，下宿距星和本宿距星之间的赤经差，叫作本宿的赤道距度（简称距度）。赤道距度循赤经圈往黄道上的投影所截取的黄道度数叫作黄道距度。某宿的距度就是指某宿所占天区的宽度。二十八宿的距度在汉以前就当有测定。1977年安徽省阜阳地区出土一件西汉初年刻有二十八宿距度的圆形漆盘，其距度和汉代被称作"古度"的距度值相同。汉代的"今度"是指西汉后期测定的距度，大概是在太初改历前后测定，《淮南子·天文训》对此就有记载。古今距度不同，同岁差没有太大关系，因为距度是赤经差，其随岁差的变化相对于赤经的变化来说是二级小量，变化很小。距度不同是由于选择不同的距星造成的。二十八宿距度在历法推步中用到，用以推算日月五星的位置。历代对二十八宿距度都有测量。

岁差

　　所谓岁差就是因太阳、月亮和行星对地球赤道突出部分的摄引，使地球自转轴的方向不断发生微小变化，从而使冬至点在恒星间的位置逐年西移，每年的移动值叫作岁差。西汉末年刘歆已经觉察到冬至点位置的变化，发现冬至点位置与一直以来认为的牵牛初度并不符合，他感到困惑，但又说不出什么道理，时而说冬至在"牵牛初"，时而又说冬至"进退于牵牛之前四度五分"（《续汉书·律历志》）。到了东汉末，刘洪才明白地指出"冬至日在斗二十一度"（《晋书·律历志》），但是他并没有把冬至点的这个变化引入历法推算之中。

　　冬至点的这种位置变化到东晋时已是人所共知，但是对这种变化还没有提出一种理论来进行解释。直到约公元 330 年，东晋天文学家虞喜才创造性地提出了"岁差"的概念，开始探索岁差的规律。他发现太阳经过一个回归年（岁）之后，并没有回到原来在恒星间的位置（天），于是他认为"天为天，岁为岁"（《新唐书·历志》），其间的差即为"岁差"。《新唐书·历志》对虞喜发现岁差有很好的解释，其中说道："古历，日有常度，天周为岁终，故系星度于节气。其说似是而非，故久而益差。虞喜觉之，使天为天，岁为岁，乃立差以追其变，使五十年退一度。"（欧阳修《新唐书·历志上》）意思是说，虞喜认识到古代"系星度于节气"即把一周天等同于一岁是错误的，于是提出"天为天，岁为岁"，冬至点自身在天上是在作渐退的移动，于是有"每岁渐差"的结果。他依据《尚书·尧典》"日短星昴，以正仲冬"的记载，知道尧时的冬至点在昴，他自己实测的冬至点在东壁，其间经历了2700多年。两相比较，他得出了冬至点每50年西移1度的岁差值。虽然这个数值与现代测定值77.5年差1度还有较大的偏差，但是虞喜不拘旧说，提出了"岁差"的理论，是天文学上的重大创新。南朝的天文学家何承天对岁差进行了长时间的研究，经过40多年的观测，得出了100年差1度的岁差值。但是直到刘宋的祖冲之，才首先把岁差应用到历法推算之中，成为此后制定历法时必须考虑的因素。这是中国古天文历法一个重要的进步。唐以后的历法所确定的岁差常数越来越准，到了宋代，已经达到了很高的精度，如北宋周琮《明天历》确定的岁差值为 77.57 年差 1 度，已经非常准确了。

分野

中国古代把星空和地上州国对应的一种模式，主要在占星术中使用。其基本的做法是建立星空与地域的对应关系，从而以发生在某星空区域的天象解释或预测其对应地域发生的事件。《周礼·春官》中说：

> 保章氏"以星土辨九州之地，所封封域皆有分星，以观妖祥"。

这就是分野理论的核心"星土说"。星土说最早的依据是古代不同的民族以观测不同的星官为主确定时节，并因此祭祀所观测的星官。例如，晋的祖先以观测参星为主，宋（商）的祖先以观测大火为主，因而后来就逐渐以参星为晋星，大火为商（宋）星。

分野有多种天地对应模式，据对分野史料的相关研究，可归纳出分野大体上有八种模式：单星分野、北斗分野、五星分野、十干分野、十二支分野、十二月分野、九宫分野、十二次及二十八宿分野等。其中十二次及二十八宿分野是以天部划分为基础，从星土说逐步完善发展而来的分野模式，是分野说的核心模式。单星分野、北斗分野和五星分野比较简单，不成体系，在古代占星术中应用并不普遍；十干分野、十二支分野、十二月分野和九宫分野实际上是用历法参数（干支、月）作为对应模式，在形式上是以时间划分，但由于时间本来就是以观测星象来确定，其本质还是十二次及二十八宿分野模式；九宫分野是九宫式盘占发展的结果，先将二十八宿与九宫对应，然后再与地域对应。

分野理论一般认为在春秋战国时期就产生了，在汉代有较大的发展，都是把二十八宿与以春秋列国表示的地域相对应。司马迁在《史记·天官书》中把二十八宿和十二州相配，同时又和郑、宋、燕、吴、越、齐、卫、鲁、赵、晋、韩、魏、秦、周、楚等国相配。《淮南子·天文训》中，记载着两种十二区域分野说。一种和《天官书》所载的大同小异，另一种和《汉书·地理志》《汉书·五行志》中刘歆确定的十二区域分野说基本相同。所以可以说《天官书》所记的是汉代较早的分野说，《汉书·地理志》所记的是后汉时代的分野说。刘歆的分野说在十二天区的划分上更为细致，给出了在二十八宿中的起始度数，这在后世基本上成为定式。

刘歆分野二十八宿与十二次、十二辰、十二地域的对应关系如图。

历代对分野理论有多种解释，主要有：(1) 封国世祀说，其根据即上述星土说，因在《左传》中有零星封国分星记载，所以又叫"左氏封国世祀说"。唐代李淳风推崇此说。(2) 受封之日岁星所在之辰说，这是从《周礼》"所封封域皆有分星"而来，但进一步明确分星与分域如何从天文观测角度来对应。

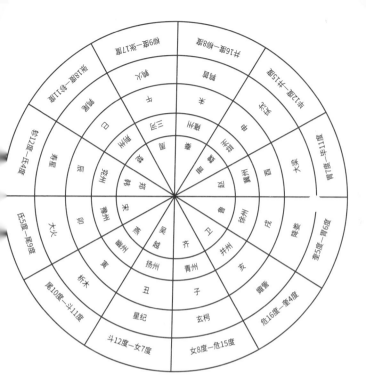

十二次、十二辰、
二十八宿分野图

（3）一行的山河两戒说和云汉升降说，认为"观两河之象，与云汉之所始终，则分野可知矣"，是从山河地貌和银河在星空的走向分布的类比来解释分野。（4）徐发的方位说，他在《天元历理全书》中以州国地域和二十八宿的方位对应关系来解释。（5）近人郭沫若的外来说，他在《释干支》中认为分野创制于古巴比伦，以十二宫配十二国土。中国的分野说，大抵与十二辰同时传来。关于分野理论的起源目前尚无定论。

分野说除了在占星术上有特别重要的应用，在地理学上也很有意义。分野理论可以被认为是用天部划分的方法对地域进行划分。这是标定地域的有效方法。后来在地方志中，对每个地方都标明分野所在宿度，这有利于促进天文大地测量的思想的发展。

漏刻

漏刻是中国古代一种等时性的计时系统。

"漏"是指漏壶，"刻"是指日以下的时间单位，刻在漏壶的箭上。"孔壶为漏，浮箭为刻"，故称漏刻。

古代分一昼夜为一百刻，这在东汉时代已经成为定制。汉代同时使用十二辰计时法与百刻制，由于100不能被12整除，两者难以配合。汉建平二年（前5）和王莽始建国三年（11）都把昼夜百刻改为一百二十刻，但通行未久即废。南北朝梁武帝天监六年（507）曾改昼夜为九十六刻，大同十年（544）又改为一百零八刻，也都只通行了几十年。到陈文帝天嘉四年（563）朱史造漏又恢复了百刻制。唐宋以来仍使用百刻制，直到清初，才改为九十六刻制。

由于白昼和夜晚的时间长度在一年中不同季节是不同的，我国古代还把漏刻分为昼漏和夜漏两种，即明确地把一天分为昼长多少刻和夜长多少刻，一般以太阳出没为标准。规定冬至昼漏为四十刻，夜漏六十刻；夏至昼漏六十刻，夜漏四十刻；春秋分则昼夜漏各五十刻。冬、夏二至相距约一百八十二三天，而它们的昼夜漏刻相差二十刻。东汉以前，是按冬至前后每九日加减一刻来调整昼夜漏刻。事实上一年中各日昼长的变化并不相等，误差可以达到两三刻。于是，在后汉四分历中，改用实测数字来规定。永元十四年（102），待诏太史霍融等提出改革，按太阳去极度每改变二度四分增减一刻。由于昼长和太阳去极度两者不是简单的线性关系，所以这种规定仍不能很好地符合实际。而他们所实行的却是根据二十四节气日的实际测定的数据。以后历代皆是如此，以实测为基础，利用经验公式推算每日的昼夜长短。

置闰和闰周

中国古代历法一般都是阴阳合历，即依据太阳的周年运动决定回归年，以月相的变化决定朔望月。由于 12 个朔望月比一回归年少约 11 天，需要过若干年就在一年中多加一个月，即通过置闰来调整季节和月份的关系，使其不至于偏离太远。西周乃至殷商时代，就已经有置闰的做法，只是当时置闰没有一定的规律，有年中置闰，有年终置闰，置闰的周期也不固定。春秋战国时代，人们发现 19 个回归年与 235 个朔望月非常接近，于是制定了 19 年 7 闰的闰周，四分历就是按此闰周安排置闰。但是，闰周的名称古人很少使用，古人称 19 为章岁，7 为章闰。后人把章岁和章闰合称为"闰周"。

随着历法的进步，19 年 7 闰就略显得粗略了，人们就寻求更精密的闰周。北凉赵𢾺首次创用 600 年 221 闰的闰周。祖冲之改用 391 年 144 闰，比赵𢾺更精密。此后 19 年 7 闰的规定就不再使用了。

中国阴阳历的阳历成分是二十四节气，节气和季节的对应是固定的。二十四节气中有十二个中气，如雨水、春分等，代表每个阳历月。西汉制定太初历时，规定以无中气之月置闰，这就使闰月的安排更符合节气。此后历法都采用这种置闰方法，"闰周"的概念就不怎么用了。

量天尺

元、明以来出现的天文俗语。顾名思义，"量天尺"是指和天文有关的测量工具。有好多种天文测量工具或仪器在史书中被称为"量天尺"。本书所讲的量天尺，为下面的第一种土圭，即圭表。

(1) 土圭。明《空同子》说：

> "郭守敬量天尺亦树嵩洛间。"

这就是指登封观星台下的长石圭。圭面据《元史》应有"丈、尺、寸、分"的均匀刻度线，也就是一般含义的"尺"，与当时官府制造浑仪的尺，采用相同的长度标准。后来人们把各种圭表中带有尺寸刻度的圭叫作"量天尺"。如明《五杂俎》记载：

> "京师城东偏，有观象台……台下小室，有量天尺。铸铜人捧尺，北面。室穴其顶，以候日中，测景之长短。"

这是指铜圭。现存南京紫金山天文台的明代圭表上有量天尺刻线，据研究，明量天尺一尺约24.345 厘米。

（2）两种黄道坐标对照表。明清以来，用五星算命的术士，编有一种工具书，刊载若干年的日月五星位置，也附有"量天尺"。例如，清代《七政台历》一书的封里就印有：

> "钦定七政四余原本，重订七政台历万年书，附刻量天尺三管，清照斋自订。"

此类"量天尺"，其实就是两种黄道坐标的对照表。一种坐标是按十二宫，每宫 30 度。另一种坐标是按二十八宿的距星起算的宿度。某行星的视位置，既要用十二宫宫度，也要用二十八宿宿度，以推算吉凶。

（3）一种地平式日晷。明清术士中使用的"量天尺"，又可指一种地平式日晷。这种尺随太阳方向旋转挪动，所谓"对日"，以使表影保持在尺的中线上，影正中墨。由于太阳的高度随地理纬度不同而不同，所以刻度要按地方确定。使用这种量天尺，可以简便地测知时间。民间多用木制。

（4）纪限仪。明末西洋传教士利玛窦带到中国的天文仪器中，据载有量天尺。《澳门纪略》记载：

北京古观象台的
地平式日晷

谢志明 / 摄影

亥·昆

北京古观象台的
纪限仪

menghuix/ 摄影

亥·仕

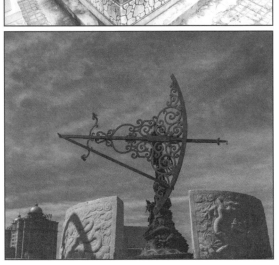

"今之所谓西法也，自利玛窦由澳门转入八闽，至金陵。出其浑天仪、量天尺、勾股、举重、算法。"

这里的"量天尺"，有人认为是纪限仪。

参考文献

1 薄树人，1989，《再谈〈周髀算经〉中的盖天说——纪念钱宝琮先生逝世十五周年》，《自然科学史研究》第 4 期。

2 曹婉如，1983，《中国古代地图绘制的理论和方法初探》，《自然科学史研究》第 3 期。

3 陈美东，2003，《中国科学技术史·天文学卷》，北京：科学出版社。

4 陈镱文、曲安京，2017，《北大秦简〈鲁久次问数于陈起〉中的宇宙模型》，《文物》第 3 期。

5 陈遵妫，1984，《中国天文学史》，上海：上海人民出版社。

6 邓可卉、李淑浩，2021，《浑天说数理模型的构建尝试与失败——以祖暅〈浑天论〉为中心》，《自然科学史研究》第 4 期。

7 冯时，2006，《中国古代的天文与人文》，北京：中国社会科学出版社。

8 傅大为，1988，《论周髀研究传统的历史发展与转折》，《清华学报》第 1 期。

9 高鲁，1933，《星象统笺》，南京：国立中央研究院天文研究所。

10 韩建业，2019，《最早中国：多元一体早期中国的形成》，《中原文物》第 5 期。

11 何驽，2001，《再论"最早中国"及其判断标准》，《三代考古》第 1 期。

12 何驽，2005，《从陶寺观象台 IIFJT1 相关尺寸管窥陶寺文化长度单位》，《中国社会科学院古代文明研究中心通讯》第 8 期。

13 何驽，2009，《山西襄汾陶寺城址中期王级大墓 IIM22 出土漆杆"圭尺"功能试探》，《自然科学史研究》第 3 期。

14 江晓原，1996，《〈周髀算经〉——中国古代唯一的公理化尝试》，《自然辩证法通讯》第 3 期。

15 江晓原、陈晓中、伊世同，等，2006，《山西襄汾陶寺城址天文观测遗迹功能讨论》，《考古》第 11 期。

16 库恩，托马斯，2004，《科学革命的结构》，金吾伦、胡新和译，北京：北京大学出版社。

17 黎耕、孙小淳，2009，《汉唐之际的表影测量与浑盖转变》，《中国科技史杂志》第 1 期。

18 黎耕、孙小淳，2010，《陶寺 IIM22 漆杆与圭表测影》，《中国科技史杂志》第 4 期。

19 雒启坤，1991，《西安交通大学西汉墓葬壁画二十八宿星图考释》，《自然科学史研究》第 3 期。

20 钱宝琮，1947，《论二十八宿之来历》，《思想与时代》第 43 期。

21 钱宝琮，1958，《盖天说源流考》，《科学史集刊》第 1 期。

22 钱宝琮，校点，1998，《算经十书·海岛算经》，李俨、钱宝琮《科学史全集》第四卷，沈阳：辽宁教育出版社。

23 丘光明，1996，《中国古代度量衡》，北京：商务印书馆。

24 曲安京，1997，《〈周髀算经〉的盖天说：别无选择的宇宙结构》，《自然辩证法研究》第 8 期。

25 孙小淳，1994，《汉代石氏星官研究》，《自然科学史研究》第 2 期。

26 孙小淳，2024，《文明的积淀：中国古代科技》，北京：中国科学技术出版社。

27 孙小淳、何驽、徐凤先，等，2010，《中国古代遗址的天文考古调查报告——蒙辽黑鲁豫部分》，《中国科技史杂志》第 4 期。

28 孙小淳、杨柳，2024，《〈周髀算经〉的"公理系统"是如何建立的？》，《自然辩证法研究》第 1 期。

29 汪小虎，2008，《"日影千里差一寸"学说的历史演变》，《上海交通大学学报（哲学社会科学版）》第 4 期。

30 王广超，2021，《〈周髀〉中"勾股量天"与"计算日影"传统的演变——试论中国古代天文学中的宇宙论与计算》，《自然辩证法研究》第 6 期。

31 王玉民，2008，《以尺量天——中国古代目视尺度天象记录的量化与归算》，济南：山东教育出版社。

32 温少峰、袁庭栋，1983，《殷墟卜辞研究——科学技术篇》，成都：四川省社会科学院出版社。

33 吴承洛，1993，《中国度量衡史》，北京：商务印书馆。

34 武家璧，2007，《〈易纬·通卦验〉中的晷影数据》，《周易研究》第 3 期。

35 夏鼐，2023，《考古学和科技史》，北京：社会科学文献出版社。

36 萧良琼，1983，《卜辞中"立中"与商代的圭表测景》，中国天文学史整理研究小组编《科技史文集》第 10 辑，上海：上海科学技术出版社。

37 徐凤先、何驽，2011，《"日影千里差一寸"观念起源新解》，《自然科学史研究》第 2 期。

38 许宏，2009，《最早的中国》，北京：科学出版社。

39 伊世同，1978，《量天尺考》，《文物》第 2 期。

40 赵永恒，2009，《〈周髀算经〉与阳城》，《中国科技史杂志》第 1 期。

41 中国社会科学院考古研究所，1989，《中国古代天文文物论集》，北京：文物出版社。

42 中国科学院紫金山天文台，2024，《2025 年中国天文年历》，北京：科学出版社。

43 中国天文学史整理研究小组，1981，《中国天文学史》，北京：科学出版社。

44 周晓陆，1996，《释东、南、西、北与中——兼说子、午》，《南京大学学报（哲学社会科学版）》第 3 期。

45 竺可桢，1944，《二十八宿起源之时代与地点》，《思想与时代杂志》第 34 期。

图书在版编目（CIP）数据

中国量天尺 / 孙小淳，杨柳，林正心著 . -- 北京 :
北京燕山出版社 , 2024. 9. -- ISBN 978-7-5402-7330-9

Ⅰ . P111.1

中国国家版本馆 CIP 数据核字第 2024NP4975 号

中 国 量 天 尺

作　　者	孙小淳　杨　柳　林正心
责任编辑	吴蕴豪　谢志明

XXL Studio 书籍设计　张宇　设计总监　刘晓翔

出版发行	北京燕山出版社有限公司
社　　址	北京市西城区椿树街道琉璃厂西街 20 号
邮　　编	100052
电话传真	010-65240430（总编室）
印　　刷	北京富诚彩色印刷有限公司
开　　本	787 mm×1092 mm 1/32
字　　数	114 千字
印　　张	8.5
版　　次	2024 年 9 月第 1 版
印　　次	2024 年 9 月第 1 次印刷
书　　号	ISBN 978-7-5402-7330-9
定　　价	68.00 元